职业教育校企合作"互联网+"新形态教材

典型机电一体化设备安装与调试

主　编　张　虎　徐　娓　胡瑞楝

副主编　延晓东　孙淑杰　李　证

参　编　舒　新　李慧萍　吕　凯

韩全芳　王可辉

机械工业出版社

本书依托 YL–235A 型机电一体化实训装置，遵循学生的认知规律设计学习项目，主要介绍了典型生产线的安装、调试与检修，共包含 4 个项目、11 个任务，具体内容包括机电一体化装置的认识、机电一体化装置机械部分的安装、机电一体化装置非机械部分的安装、机电一体化装置的调试与检修。

本书弱化了复杂的理论分析、工程设计要求，紧紧围绕实际项目任务的需要，培养学生会操作、会安装、会维修的专业技能。

本书可作为中等职业教育或技工教育机电技术应用、智能化生产线安全与运维、电气设备运行与控制、智能设备运行与维护等专业的教学用书，也可作为相关培训班的培训教材。

为方便教学，本书配有 PPT 课件、电子教案及教学视频（二维码形式）等资源，凡购买本书作为授课教材的教师可登录 www.cmpedu.com 注册并免费下载。

图书在版编目（CIP）数据

典型机电一体化设备安装与调试 / 张虎，徐娓，胡瑞棣主编 . —北京：机械工业出版社，2023.5（2024.8 重印）
职业教育校企合作"互联网 +"新形态教材
ISBN 978-7-111-72972-3

Ⅰ.①典… Ⅱ.①张… ②徐… ③胡… Ⅲ.①机电一体化 – 设备安装 – 高等职业教育 – 教材 ②机电一体化 – 设备 – 调试方法 – 高等职业教育 – 教材 Ⅳ.① TH-39

中国国家版本馆 CIP 数据核字（2023）第 062846 号

机械工业出版社（北京市百万庄大街 22 号 邮政编码 100037）
策划编辑：赵红梅　　　　　　　责任编辑：赵红梅　杨晓花
责任校对：梁　园　张　征　　　封面设计：王　旭
责任印制：张　博
中煤（北京）印务有限公司印刷
2024 年 8 月第 1 版第 2 次印刷
210mm×285mm・8 印张・195 千字
标准书号：ISBN 978-7-111-72972-3
定价：27.00 元

电话服务　　　　　　　　　　　网络服务
客服电话：010-88361066　　　机　工　官　网：www.cmpbook.com
　　　　　010-88379833　　　机　工　官　博：weibo.com/cmp1952
　　　　　010-68326294　　　金　书　网：www.golden-book.com
封底无防伪标均为盗版　　　机工教育服务网：www.cmpedu.com

前言

PREFACE

本书依据教育部于2019年印发的《职业院校教材管理办法》（教材〔2019〕3号）、人力资源社会保障部2021年印发的《技工院校教材管理工作实施细则》（人社厅发〔2021〕12号），以及教育部于2022年公布的《职业教育专业简介（2022年修订)》，由鲁北技师学院组织编写。本书可供技工院校和职业院校教学配套使用。

本书依托YL-235A型机电一体化实训装置，结合企业典型生产线的安装、调试与维修要求，引导学生进行机械安装、电气安装、气动系统安装、程序编制及调试知识与技能的学习。通过本书的学习，学生可根据图样与任务要求进行设备的安装与功能调试，进而成为懂理论、会操作的技能型人才。

本书遵循学生的认知规律设计学习项目，按照操作→拆卸→组装→调试→维修的顺序制定工作任务，工学结合，让学生在做中学、学中做，实现理实一体的融合，任务实施过程中严格遵循实际工作现场的工作流程与工作习惯，有利于促进学生职业素养的养成与提高。本书结合全国职业院校技能大赛与世界技能大赛工艺评判标准，制定学生工作评价标准与体系，旨在培养学生精益求精的工匠精神，提高学生的专业技能水平。

本书按照"有用、能用、够用"的原则对相应理论知识进行了系统梳理，确保所含知识在学生完成项目任务的过程中能用得上，弱化了复杂的理论分析、工程设计要求，紧紧围绕工作实际任务的需要，培养学生会操作、会安装、会维修的专业技能，以适应未来设备操作、安装维护、维修管理等工作岗位的需求。

本书根据中职学生的学习习惯，编写中采用大量图表呈现，并将操作过程录成视频采用二维码在书中展示，学生可扫码观看详细操作步骤，引导学生自主学习，激发学生学习兴趣。

本书由张虎、徐娓、胡瑞棣任主编，延晓东、孙淑杰、李证任副主编，参与编写的有舒新、李慧萍、吕凯、韩全芳和王可辉。

由于编者水平有限，书中难免存在疏漏之处，恳请读者批评指正。

编者

二维码索引

目录 CONTENTS

项目 ① 机电一体化装置的认识

任务1 机电一体化装置的操作

▶▶ 任务目标

1. 素养目标

1）培养解决问题的能力。
2）培养自主学习与探究学习的良好习惯。
3）培养安全生产、节能环保和产品质量等职业意识。

2. 技能目标

1）能够按照正确流程启动设备，并完成工件自动分拣任务。
2）能够熟练、安全地进行设备的关机操作。
3）能够综合运用所学知识完成典型生产任务。

3. 知识目标

1）能识别机电一体化装置上的各个运行单元和部件。
2）能识别出供给系统、抓取系统和分拣系统三个运行单元。

▶▶ 任务描述

对机电一体化装置上的各个运行单元和部件进行初步的认知，能够熟练地指出供给系统、抓取系统和分拣系统三个运行单元，并能够启动设备，让供给系统将圆盘内的工件送到机械手接料平台，通过机械手抓取搬运，放入分拣系统的传送带进料口，分拣系统将金属工件、白色塑料工件和黑色塑料工件分别推入相应的料槽中。

▶▶ 知识链接

亚龙YL-235A型机电一体化实训装置由供给系统、抓取系统和分拣系统三个运行单元构成，这些单元均安装在铝合金导轨式实训台上，各个单元均由相对独立的典型机电一体化设备的机械部件、各种传感器和气动部件组成。整个装置控制部分由 PLC 模块、触摸屏单元、变频器模块、按钮模块等组成。该装置的总电源由 AC 380V 电源和 DC 24V 开关电源经过接线端子进行供电。具体各个部件的名称如图 1-1 所示。

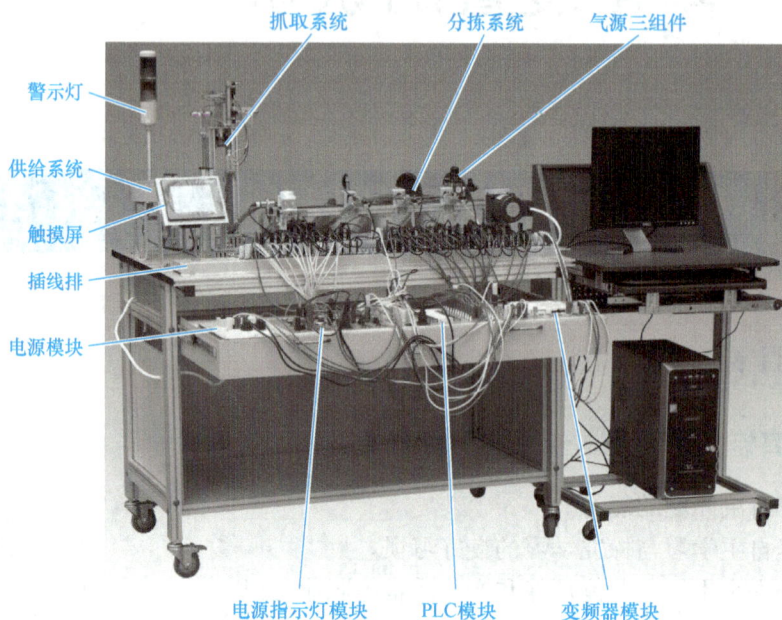

图 1-1　YL-235A 型机电一体化实训装置

各种机械部件采用铝型材搭建支架结构，并由电控气阀—气缸驱动，物料采用电动机—传送机构（或输送带）输送，检测部件采用磁性开关、光电开关、接近开关、行程开关等工业上常用的传感器发出检测信号。控制系统采用触摸屏、可编程序控制器（PLC）和交流变频器以及配套的控制电路，自动完成生产线的供料、输送和分拣任务。

▶▶ 任务实施

步骤一：将电源模块的断路器进行合闸上电，然后分别将电源指示灯模块和 PLC 模块的船型开关置于通电状态。

步骤二：当 PLC 处于运行状态时，按下启动按钮，系统启动初始位置检测功能，进行初始位置复位。

步骤三：复位完成后，料盘开始工作，直流电动机带动推料器旋转，从而将物料缓慢送到出料口。

步骤四：当出料口传感器检测到物料时，机械手动作顺序如下：

悬臂伸出→手臂下降→手爪夹紧→手臂上升→悬臂缩回→机械手反转→悬臂伸出→手臂下降→手爪松开→手臂上升→悬臂缩回→机械手正转。

步骤五：当手臂动作到传送带物料口上方时，手爪松

物料分拣系统的工作演示

开，将物料送入传送口，传送带开始工作。

步骤六：传送带正转运行把物料送至各类传感器下方，进行金属物料、白色塑料物料和黑色塑料物料的检测，并驱动推料气缸将物料推送到相应的料槽中，完成物料自动分拣。

▶▶ 知识评测

1. YL-235A 型机电一体化实训装置由哪几部分构成？
2. 列举 YL-235A 型机电一体化实训装置中的检测部件。
3. 针对实训设备，指出各个单元和模块的名称。

▶▶ 任务评价

学号：_____　　　　　　　　　　成绩：_____

项目	项目配分	评分点	配分	扣分说明	得分	项目得分
整体认知	单元模块认知 60	机械部件	20	完整说出机械部件各单元的名称，每错一处扣4分		
		检测部件	20	说出四个以上检测部件的名称，每说出一个部件得5分		
		控制系统	20	说出控制系统模块的名称，每错一处扣2分		
	操作运行 20	设备操作	15	设备操作规范，能够完整说出设备运行流程，每错一处扣1分		
		启动和停止	5	能够准确进行设备启动并停止，设备不能启动，该项不得分		
职业与安全意识	20	安全	10	所有操作是否符合安全操作规程，符合要求得5分，基本符合要求得3分，一般得1分（可一项否决）		
		规范	6	工具摆放、人员着装、包装物品、导线线头等处理符合职业岗位的要求得3分，有2处错误得1分，有2处以上错误得0分		
		纪律	4	遵守课堂纪律、爱护设备和元器件、保持工位整洁得2分，否则扣2分		
违规	扣分	违规		设备不能正常工作扣10分，有不符合职业规范的行为，视情节轻重扣5～10分		
总分						

任务2　机电一体化装置的拆卸

▶▶ 任务目标

1. 素养目标

1）培养解决问题的能力。
2）养成自主学习与探究学习的良好习惯。
3）强化安全生产、节能环保和产品质量等职业意识。

2. 技能目标

1）能够按照正确流程拆卸气路系统。
2）能够按照正确流程拆卸电路部分和各种传感器。
3）能够正确使用工具完成机械部分的拆卸。

3. 知识目标

1）能准确说出机电一体化装置各个单元的零部件名称。
2）能说出机电一体化装置各个单元的拆卸步骤。

▶▶ 任务描述

能够规范使用相关工具熟练地完成机电一体化装置的拆卸工作，并记录拆卸顺序，直到清空整个实训台工作面。要求分别按照供给系统、抓取系统、分拣系统三个运行单元将机械部件分类摆放整齐，将电源线、传感器和连接线有序放到挂线架上。

▶▶ 知识链接

1. 工具与量具

YL–235A 型机电一体化实训装置需要的工具与量具见表 1-1。

表 1-1　YL–235A 型机电一体化实训装置需要的工具与量具

序号	工具名称	型号规格	数量
1	连接电路的工具	一字和十字螺钉旋具、剥线钳、电工钳、尖嘴钳、压线钳等	各 1 把
2	电路和元件检测工具	万用表	1 只
3	机械设备安装工具	活扳手，内、外六角扳手，钢直尺、高度卡尺，水平尺，角度尺等	各 1 套

表1-1大部分工具与量具在控制电路实训中已经熟练掌握，下面主要介绍内六角扳手和钢直尺。

（1）内六角扳手

内六角扳手也称艾伦扳手，它是通过扭矩施加对螺钉的作用力，以降低使用者的用力强度。此类扳手多为L形，如图1-2所示，也有T形（如图1-3所示）以及加塑料手柄的内六角扳手等。

图1-2　L形内六角扳手

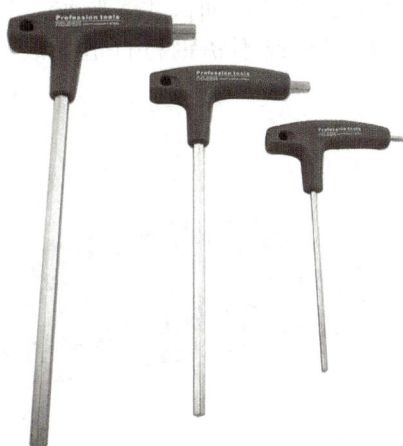

图1-3　T形内六角扳手

根据GB/T 5356–2021要求，一般内六角扳手的外形参数如图1-4所示，分别是横截面的对边宽度s、横截面的对角宽度e、长柄长度l_1、短柄长度l_2、折弯半径r、圆倒角半径（或直倒角宽度）f、折弯角度α，a为端面。

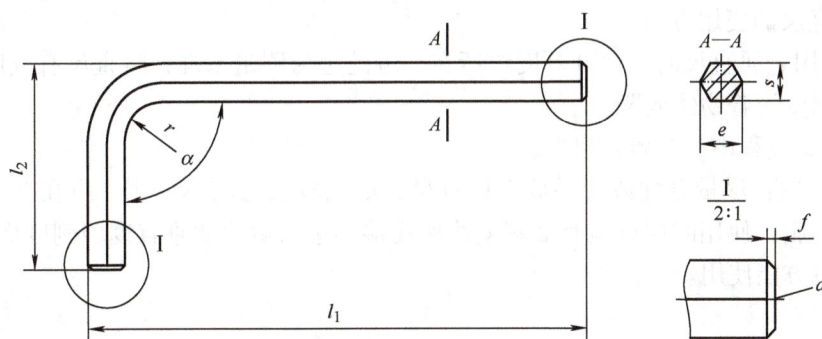

图1-4　内六角扳手的外形参数

内六角扳手的规格型号是根据横截面的对边宽度 s 来确定的，如 2mm 的内六角扳手，要求扳手的横截面对边宽度 s 为 $1.96 \sim 2$mm，4mm 的内六角扳手要求 s 为 $3.95 \sim 4$mm。因为内六角扳手是用来紧固或拆卸内六角螺钉的，所以内六角的尺寸实际是由六角孔的大小决定的。

内六角扳手的规格型号分为公制和英制两种，在使用上只是计量单位不同。一般内六角扳手公制规格型号有 2mm、2.5mm、3mm、4mm、5mm、6mm、7mm、8mm、10mm、12mm、14mm、17mm、19mm、22mm、24mm、27mm、32mm、36mm。YL-235A 型机电一体化实训装置所用的内六角扳手的主要型号为 3mm、4mm 和 5mm。

内六角扳手长端的尾部设计成球形，有利于从不一样的角度操作内六角扳手，便于狭小角度空间使用。使用 L 形内六角扳手时，手持长端，可进行旋松或紧固；手持短端，可用于快速旋拧螺栓。

要求按照内六角头螺栓的大小选择内六角扳手的规格，并且要求将内六角扳手完全插入内六角头螺栓且用力均匀，不允许使用任何加长装置，若使用加长装置，可能会造成内六角扳手扭曲甚至断裂。

（2）钢直尺

钢直尺是最简单的长度测量工具，如图 1-5 所示。直尺的材质多种多样，工程上使用较多的是金属直尺，用钢材或不锈钢材打造而成，一般用于精度要求不高的场合。

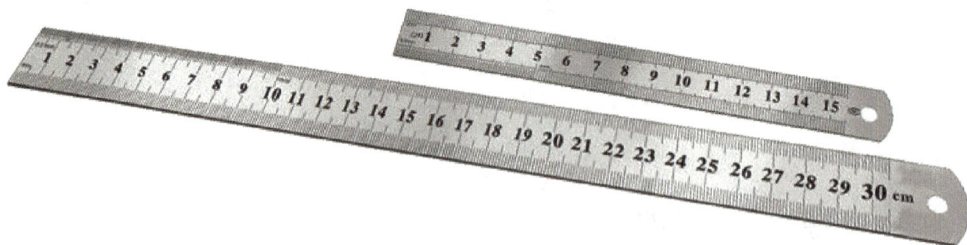

图 1-5　钢直尺

根据使用场合的不同，金属直尺的长度也不相同，有 100mm、200mm、300mm、500mm、600mm 等多种规格。YL-235A 型机电一体化实训装置用的金属直尺一般为 100mm、300mm、600mm 三种规格。

金属直尺的使用方法：

1）使用金属直尺时，以 0 刻度线所在一端的边为测量基准，将直尺有刻度的一面向上，并使刻度沿着物体放置。

2）测量过程中，金属直尺要放平。

注意事项：尽量悬挂或者平放金属直尺，如果较长时间不使用，应在金属直尺上涂上防腐蚀油脂；使用时应该检查 0 刻度线所在端的边与侧边的垂直度、刻度面的平面度，检查合格后方能使用。

2.螺钉和平垫片

YL-235A 型机电一体化实训装置使用了多种规格的内六角圆头螺钉，如直径为 6mm、螺钉长度为 40mm 的圆柱头内六角螺钉。按照螺钉的表示方法，该螺钉应表示为 M6×20 C PZ，其中 C 是螺钉头的形状为圆柱头的备注代号，PZ 是螺钉头槽的形状为内六角的备注代号。

组装带式输送机支架时，横梁与立柱之间使用的是 M3×12 C PZ 型固定螺钉，该型号表明螺钉的直径为 3mm，螺钉长度为 12mm，螺钉头为圆柱头，螺钉头槽为内六角。

供料盘、带式输送机、机械手、警示灯等部件与安装平台间使用的固定螺钉均为 4×14 的圆柱头内六角螺钉，型号为 M4×14 C PZ；出料斜槽与带式输送机横梁之间、传感器支架与带式输送机横梁之间使用的固定螺钉均为 3×10 的圆柱头内六角螺钉，型号为 M3×10 C PZ。

安装固定螺钉时，放平垫片的作用是分散接触的压力，防止螺钉松动，在表示垫片规格时，需要表示清楚垫片的内径、外径和垫片的厚度。平垫片 $\phi4.5×9×0.8$ 表示垫片的内径为 4.5mm、外径为 9mm、厚度为 0.8mm。

安装 M3×10 的圆柱头内六角螺钉，配用规格为 $\phi3.4×7×0.5$ 的平垫片，安装 M4×12 的圆柱头内六角螺钉，配用规格为 $\phi4.5×9×0.8$ 的平垫片，安装 M6×15 的圆柱头内六角螺钉，配用规格为 $\phi6.6×12×1.6$ 的平垫片。

3.供给系统

供给系统结构如图 1-6 所示。

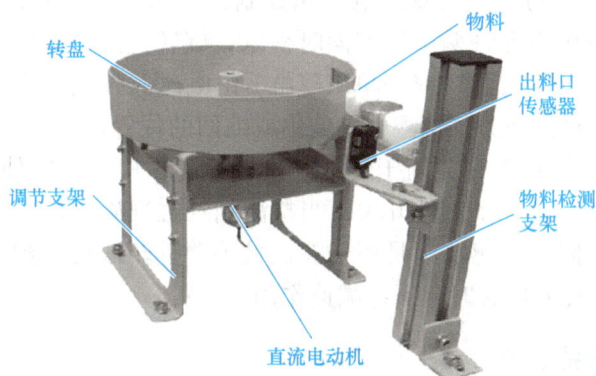

图 1-6 供给系统结构

图 1-6 中转盘在系统运行时共放三种物料：金属物料、白色塑料物料、黑色塑料物料。驱动转盘的直流电动机采用 24V 直流减速电动机，转速为 6r/min，其作用是驱动放料转盘旋转。出料口传感器为光电漫反射型传感器，用于物料检测，主要为 PLC 提供一个输入信号。如果运行中出现光电传感器没有检测到物料并保持若干秒的情况，则应使系统停机。

4.物料抓取系统

物料抓取系统结构如图 1-7 所示。

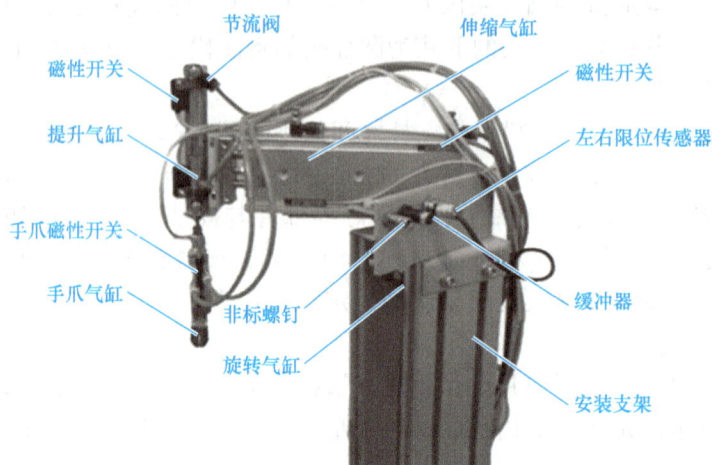

图 1-7　物料抓取系统结构

整个物料抓取系统能完成四个自由度动作，即手臂伸缩、手臂旋转、手爪上下、手爪松紧。

物料抓取系统中有四种气缸，其中提升气缸采用双向电磁阀控制；手爪气缸（气动手爪）用于抓取和松开物料，由双向电磁阀控制，手爪夹紧时磁性开关会有信号输出，指示灯亮，控制过程中不允许两个线圈同时得电；旋转气缸由双向电磁阀控制，实现机械手臂的正、反转；伸缩气缸（双杆单出气缸）由电磁阀控制，实现机械手臂伸出、缩回，气缸上装有两个磁性开关，检测气缸伸出或缩回的位置。

物料抓取系统中的磁性开关用于气缸的位置检测，检测气缸伸出和缩回是否到位，为此在前点和后点各安装一个磁性开关，当检测到气缸准确到位后，磁性开关将给 PLC 发出一个信号。左右限位传感器则是用于在机械手臂正转或反转到位后输出信号。缓冲器在旋转气缸高速正转或反转时起缓冲减速作用。

5. 物料传送和分拣系统

物料传送和分拣系统结构如图 1-8 所示。

物料传送和分拣系统中的入料口传感器检测是否有物料到传送带上，并输送给 PLC 一个输入信号；电感式接近开关用于检测金属材料，检测距离为 2 ～ 3mm；光纤式光电接近开关用于检测不同颜色的物料，可通过调节光纤放大器来调节区分不同颜色时的灵敏度。

物料传送和分拣系统中的入料口用于物料落料位置定位；料槽用于放置物料；三相异步电动机由变频器控制驱动传送带转动。三个推料气缸分别由电磁阀控制将物料推入料槽中。

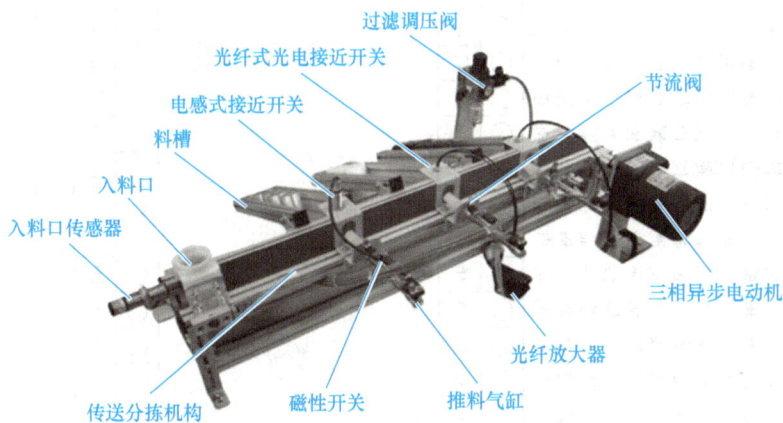

图 1-8 传送和分拣系统结构

6. 触摸屏

YL-235A 型机电一体化实训装置采用昆仑通态 TPC7026KX 型触摸屏。

7. 气路系统

YL-235A 型机电一体化实训装置气路系统中的气源是空气压缩机，它将电能转换为压力能，给系统中的气动元件提供气体能源；气动总成包括空气过滤器、调压阀和油雾器；控制元件则是控制压缩空气流动的方向、流量和压力，主要包括方向控制阀和流量控制阀两种。系统中的气缸包括单出杆气缸、双出杆气缸、旋转气缸和气动手爪。

8. 端子接线板

端子接线图如图 1-9 所示。

9. 电源模块、指示灯按钮模块、PLC 模块和变频器模块

电源模块、指示灯按钮模块、PLC 模块和变频器模块如图 1-10 所示。

电源模块包括三相电源总开关（带漏电和短路保护）和熔断器。单相电源插座用于模块电源连接和给外部设备提供电源，模块之间电源连接采用安全导线连接方式。

指示灯按钮模块提供了多种不同功能的按钮和指示灯（DC 24V），如急停按钮、转换开关、蜂鸣器等。所有接口采用带有安全护套插头的连接线进行连接，如图 1-11 所示。内置开关电源（24V/6A 一组，12V/2A 一组）为外部设备工作提供电源。

端子号	名称		端子号	名称
1	送料检测光电式接近开关正		45	转盘电动机正
2	送料检测光电式接近开关负		46	转盘电动机负
3	送料检测光电式接近开关输出		47	手爪夹紧电磁阀1
4	手臂旋转左限位传感器正		48	手爪夹紧电磁阀2
5	手臂旋转左限位传感器负		49	手爪放松电磁阀1
6	手臂旋转左限位传感器输出		50	手爪放松电磁阀2
7	手臂旋转右限位传感器正		51	手爪上升电磁阀1
8	手臂旋转右限位传感器负		52	手爪上升电磁阀2
9	手臂旋转右限位传感器输出		53	手爪下降电磁阀1
10	手臂伸出限位传感器正		54	手爪下降电磁阀2
11	手臂伸出限位传感器负		55	手臂伸出电磁阀1
12	手臂缩回限位传感器正		56	手臂伸出电磁阀2
13	手臂缩回限位传感器负		57	手臂缩回电磁阀1
14	手爪提升限位传感器正		58	手臂缩回电磁阀2
15	手爪提升限位传感器负		59	手臂左摆电磁阀1
16	手爪下降限位传感器正		60	手臂左摆电磁阀2
17	手爪下降限位传感器负		61	手臂右摆电磁阀1
18	手爪夹紧限位传感器正		62	手臂右摆电磁阀2
19	手爪夹紧限位传感器负		63	推料气缸一电磁阀1
20	推料一伸出限位传感器正		64	推料气缸一电磁阀2
21	推料一伸出限位传感器负		65	推料气缸二电磁阀1
22	推料一缩回限位传感器正		66	推料气缸二电磁阀2
23	推料一缩回限位传感器负		67	推料气缸三电磁阀1
24	推料二伸出限位传感器正		68	推料气缸三电磁阀2
25	推料二伸出限位传感器负		69	警示红灯
26	推料二缩回限位传感器正		70	警示绿灯
27	推料二缩回限位传感器负		71	警示灯公共端
28	推料三伸出限位传感器正		72	警示灯电源正
29	推料三伸出限位传感器负		73	警示灯电源负
30	推料三缩回限位传感器正		74	触摸屏电源正
31	推料三缩回限位传感器负		75	触摸屏电源负
32	入料检测光电式接近开关正		76	
33	入料检测光电式接近开关负		77	
34	入料检测光电式接近开关输出		78	
35	料槽一到位检测传感器正		79	
36	料槽一到位检测传感器负		80	
37	料槽一到位检测传感器输出		81	
38	料槽二到位检测传感器正		82	
39	料槽二到位检测传感器负		83	
40	料槽二到位检测传感器输出		84	
41	料槽三到位检测传感器正		85	
42	料槽三到位检测传感器负		86	电动机输出 U
43	料槽三到位检测传感器输出		87	电动机输出 V
44			88	电动机输出 W

图1-9 端子接线图

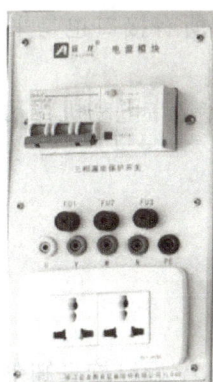

a) 电源模块

b) 指示灯按钮模块

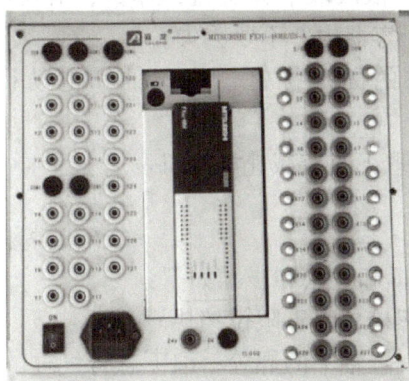

c) PLC模块

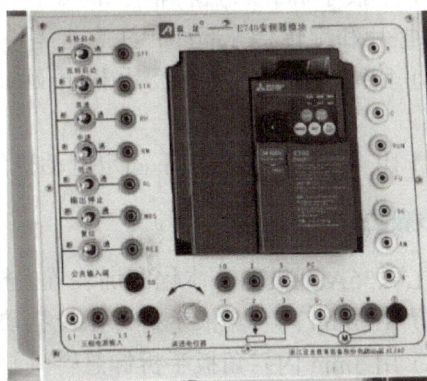

d) 变频器模块

图 1-10　电源模块、指示灯按钮模块、PLC 模块和变频器模块

图 1-11　带有安全护套插头的连接线

PLC 模块采用三菱 FX$_{3U}$-48MR 系列，继电器输出，所有接口也是采用带有安全护套插头的连接线进行连接。

变频器模块采用三菱 FR-E740-0.75K 型变频器控制传送带电动机转动。

▶▶ 任务实施

步骤一： 供给系统的拆卸。

1）用内六角扳手卸下调节支架的紧固螺栓，然后用十字螺钉旋具卸下紧固在转盘上的四个螺钉，取下支撑板。

2）用扳手拆卸料盘转轴上的两个锁紧螺母，依次取下弹簧盖、弹簧、滑动部件弧片、摩擦片和旋转套等部件，注意将零件放到一个容器内，不要丢失。

3）用 1.5mm 内六角扳手松开延长轴下方的固定螺钉，将铜轴和电动机主轴分开。

4）用十字螺钉旋具卸下固定电动机的螺钉，取下直流减速电动机。

步骤二： 抓取系统的拆卸。

YL-235A 型机电一体化实训装置上机械手的拆卸方法和步骤如下：

1）用 5mm 内六角扳手拆卸限位挡块的紧固螺栓，取下限位挡块。

2）用 3mm 内六角扳手拆卸悬臂气缸在旋转气缸轴上的螺栓，取下悬臂气缸。

3）用 3mm 内六角扳手拆卸旋转气缸与支架的螺栓，取下旋转气缸。

4）用活扳手松开手爪气缸在手臂活塞杆上的螺帽，旋转并取下手爪气缸。

5）用活扳手取下手臂气缸的固定螺帽，从悬臂上取下手臂气缸。

步骤三： 分拣系统的拆卸。

YL-235A 型机电一体化实训装置中的带式输送机大部分采用内六角螺栓做紧固零件，因此在拆卸带式输送机时，应使用内六角扳手。

拆卸带式输送机机架的方法和步骤如下：

1）用内六角扳手拆卸联轴器的紧固螺栓。

2）用 4mm 内六角扳手拆卸固定交流电动机的四个螺栓，取下电动机。

3）用 5mm 内六角扳手拆卸固定电动机支架的螺栓，取下固定交流电动机的支架。

4）用 2mm 内六角扳手拆卸调节螺栓，用十字螺钉旋具卸下调节模块固定螺钉，取下两个调节模块。

5）用 3mm 内六角扳手拆卸两端的四个固定模块。

6）用 4mm 内六角扳手拆卸上前梁两端的固定螺栓，取下上前梁柱。

7）取下传送带及其辊轴。

▶▶ 知识评测

1.列举拆卸过程需要的工具，并演示工具的正确使用方法。

2.简述供给系统的拆卸步骤。

3.简述抓取系统的拆卸步骤。

4.简述分拣系统的拆卸步骤。

>> 任务评价

学号：_____   成绩：_____

项目	项目配分	评分点	配分	扣分说明	得分	项目得分
拆卸三个工作站						
拆卸供给系统	20	机械部件	10	正确完成机械部件的拆卸，每错一处扣2分		
		检测部件	5	正确完成检测部件的拆卸，每拆卸错一个部件扣2分		
		部件认知	5	说出部件的名称，每错一处扣1分		
拆卸抓取系统	30	机械部件	10	正确完成机械部件的拆卸，每错一处扣2分		
		检测部件	10	正确完成检测部件的拆卸，每拆卸错一个部件扣2分		
		部件认知	10	说出部件的名称，每错一处扣1分		
拆卸分拣系统	40	机械部件	20	正确完成机械部件的拆卸，每错一处扣2分		
		检测部件	10	正确完成检测部件的拆卸，每拆卸错一个部件扣2分		
		部件认知	10	说出部件的名称，每错一处扣1分		

（续）

项目	项目配分	评分点	配分	扣分说明	得分	项目得分
职业与安全意识	10	安全	5	所有操作符合安全操作规程要求得 5 分，基本符合要求得 3 分，一般得 1 分（可一项否决）		
		规范	3	工具摆放、人员着装、包装物品、导线线头等的处理符合职业岗位的要求得 3 分，有 2 处错误得 1 分，有 2 处以上错误得 0 分		
		纪律	2	遵守课堂纪律、爱护设备和元器件、保持工位整洁得 2 分，否则扣 2 分		
违规	扣分	违规		设备不能正常工作扣 10 分，有不符合职业规范的行为，视情节轻重扣 5 ～ 10 分		
总分						

项目 ②

机电一体化装置机械部分的安装

任务1　物料供给系统的安装

>> 任务目标

1. 素养目标

1）培养良好的工作方法、工作作风和职业道德。
2）培养自觉遵守国家职业标准和职业要求的意识。
3）培养安全操作意识。

2. 技能目标

1）能够按照正确流程组装供给系统。
2）能够按照图样要求安装供给系统。
3）能够调整接料平台和供给料盘至要求高度。

3. 知识目标

1）熟悉机电一体化装置供料系统各零部件的功能。
2）掌握供给系统的安装流程。

>> 任务描述

按照图样安装位置的尺寸要求，将圆盘固定在安装平台上，同时完成供料装置的组装和维护。机械部件组装要求如下：

1）按图 2-1 供料装置组装简图要求，组装供料装置。
2）按图 2-2 接料平台和立柱组装简图要求，组装接料平台和立柱。
3）将接料平台与供料装置的出料口对接，并固定在安装平台上。
4）将光电传感器安装在接料平台检测位置上，作为物料出料的到位检测用。
5）按图 2-3 供料系统安装简图要求，将供料系统安装到实训台上。

技术要求及说明：
上下梁与立柱、横梁之间应垂直，角度为90°±1°。

序号	零、部件名称	数量	备注
9	六角螺母及垫片	各8个	M4螺母，ϕ4垫片
8	料盘与安装支架固定螺钉及垫片	各8个	M4×14固定螺钉，ϕ4垫片
7	料盘安装支架	2个	M4固定螺钉，内六角螺钉
6	料盘固定件	2个	
5	直流电动机	1台	37ZYJ-470
4	直流电动机固定螺钉	6只	M4×10沉头螺钉
3	料盘固定螺钉	4只	M4×14沉头螺钉
2	拨杆组件	1套	
1	料盘	1个	A3，δ=2mm，ϕ=200mm

供料装置组装简图	图号	比例
	1-1	

设计	
制图	

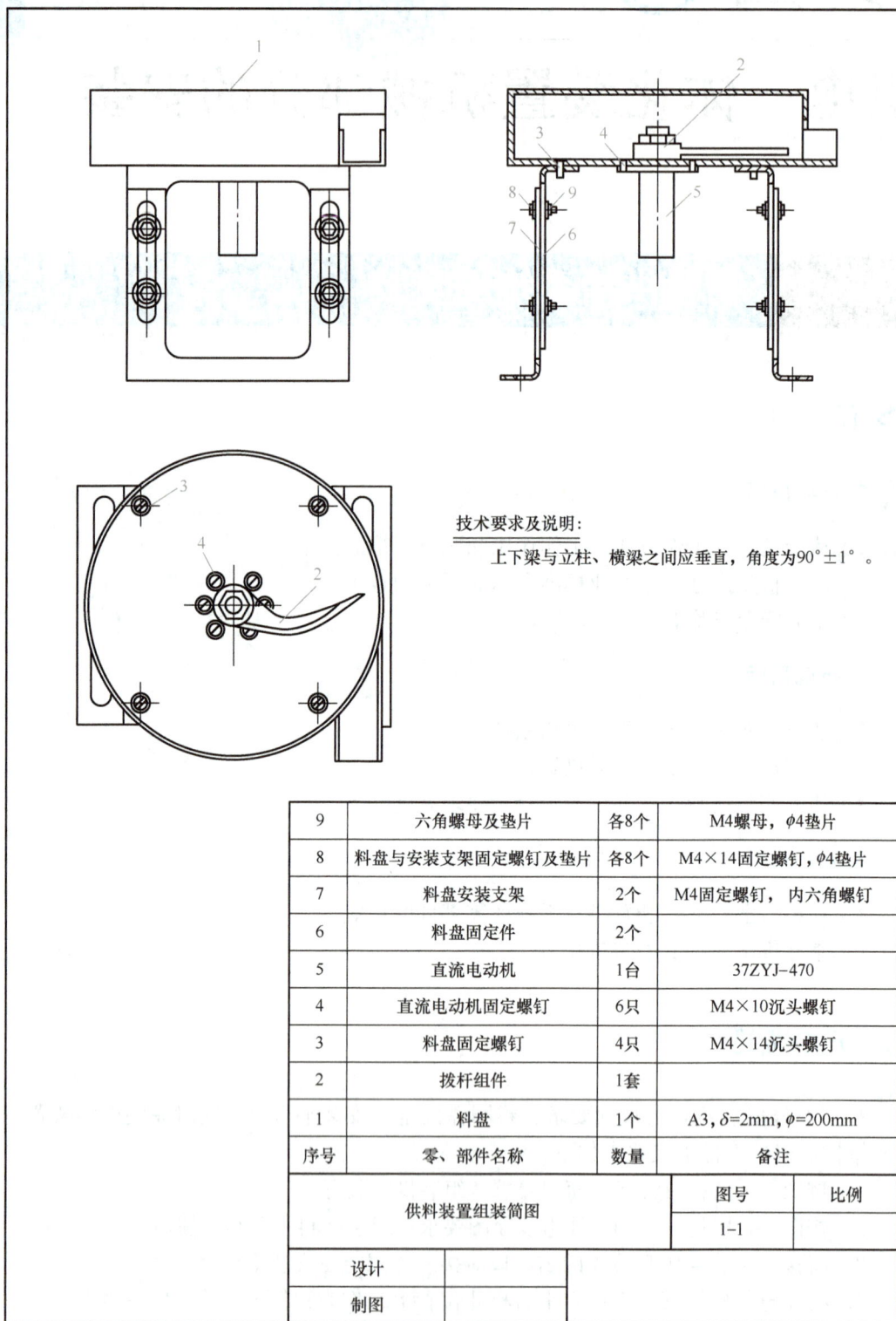

图 2-1 供料装置组装简图

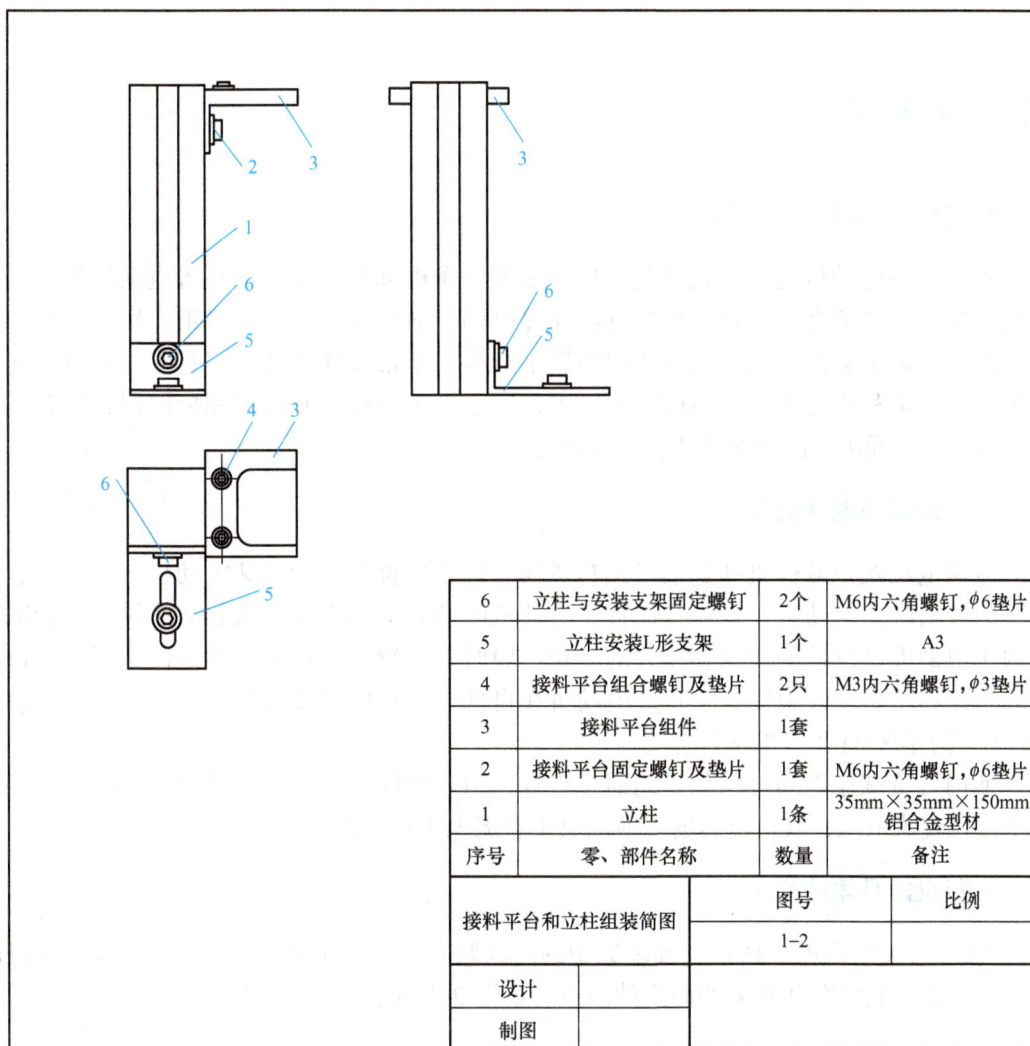

6	立柱与安装支架固定螺钉	2个	M6内六角螺钉,φ6垫片
5	立柱安装L形支架	1个	A3
4	接料平台组合螺钉及垫片	2只	M3内六角螺钉,φ3垫片
3	接料平台组件	1套	
2	接料平台固定螺钉及垫片	1套	M6内六角螺钉,φ6垫片
1	立柱	1条	35mm×35mm×150mm 铝合金型材
序号	零、部件名称	数量	备注

接料平台和立柱组装简图	图号	比例
	1-2	
设计		
制图		

图 2-2　接料平台和立柱组装简图

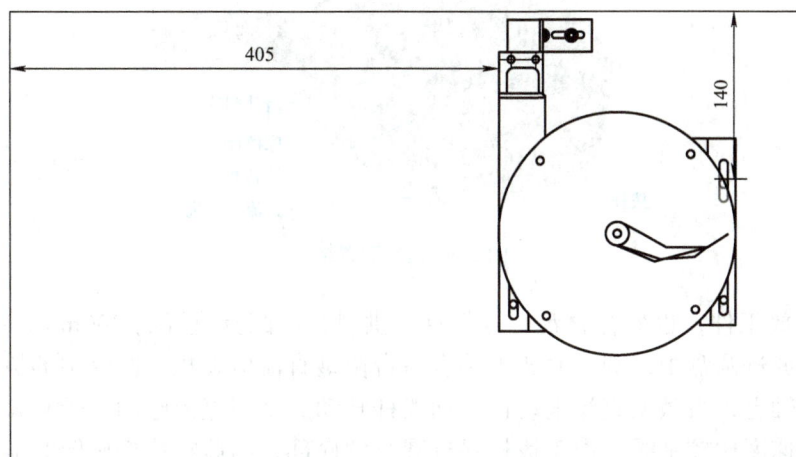

图 2-3　供料系统安装简图

知识链接

1. 直流电动机的工作原理

小型直流电动机是自动化设备应用较多的一种电动执行元件。直流电动机的定子由永磁钢制成，转子绕有线圈，直流电源通过电刷换向器输入到转子绕组产生电磁场，转子电磁场与定子磁铁的磁场相互作用使转子产生转矩带动转子转动。直流电动机有起动转矩大、转矩和速度容易控制调节的优点，但也由于结构上有电刷和换向器，使其在使用寿命、运行噪声、故障率等方面存在不足。

2. 直流减速电动机简介

减速电动机是减速机和电动机的集成体，通常也称为齿轮减速电动机。直流减速电动机即齿轮减速电动机，是在普通直流电动机的基础上加上配套齿轮减速箱。齿轮减速箱的作用是提供较低的转速和较大的转矩。同时，齿轮减速箱不同的减速比可以提供不同的转速和转矩，大大提高了直流电动机在自动化行业中的使用范围。直流减速电动机广泛应用于钢铁行业、机械行业等。

使用直流减速电动机的优点是简化设计、节省空间。将直流减速电动机的两个接线端子接入直流电压，其正反转的切换取决于直流电正负极的切换。

3. 料盘的具体结构

YL-235A 型机电一体化实训装置中的送料装置由圆盘（带出料口）、延长轴、拨杆、直流电动机、旋转套和相关的固定件组成，如图 2-4 所示。

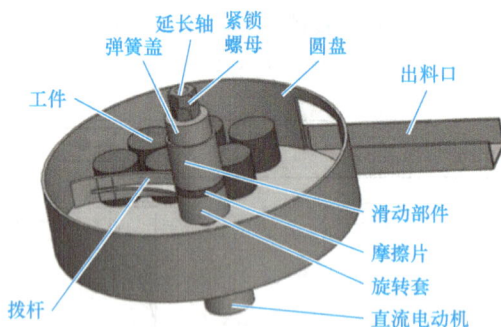

图 2-4　送料装置结构

圆盘盛放工件，也称存料盘、送料盘、供料盘。圆盘直径为 200mm，高为 80mm。物料由人工放进圆盘中，圆盘底架下装有一台微型直流电动机。圆盘中的拨杆安装在直流电动机机轴上，由微型直流电动机带动拨杆转动。微型直流电动机带有减速箱，所以拨杆的转动速度比较平缓。由于拨杆靠近圆盘的底部，因此在拨杆旋转时能将供料盘中的物料通过圆盘的出料口平推至接料平台。在接料平台旁边装有一个光电传感器，作为工件到位检测用。

4. 光电传感器的工作原理

光电传感器是通过把光强度的变化转换成电信号的变化来检测物体有无的接近开关。光电传感器集发射器和接收器于一体，当被检测物体经过时，将发射器发射的光线反射到接收器，于是就产生了开关信号，如图2-5所示。

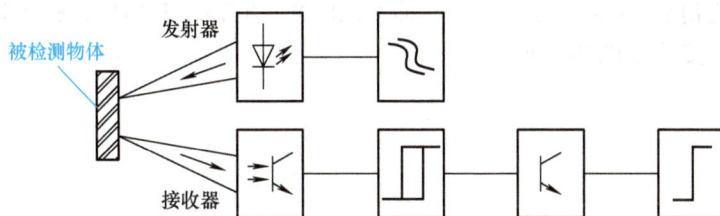

图 2-5 光电传感器的工作原理示意图

▶▶ 任务实施

步骤一： 安装准备工作。

（1）清点工具与元器件

安装开始前，先要清点已准备好的所需工具与元器件。

工具应整齐摆放在辅助工作台方便操作的位置，工具要摆开，排列有序。

清点元器件并放置在辅助工作台合适的位置，元器件要摆开，安装螺钉、螺帽等小零件应用盒子分规格放置，如图2-6所示。安装前检查直流电动机与光电式接近开关是否正常。

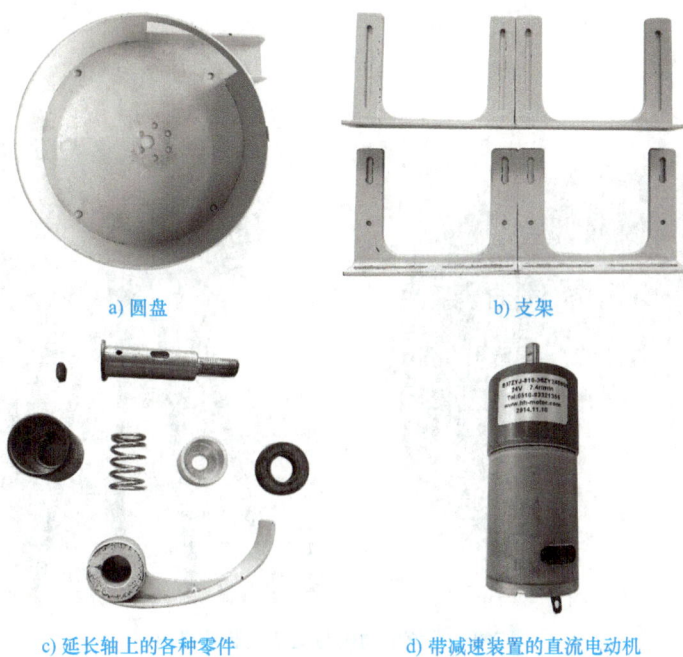

a) 圆盘   b) 支架

c) 延长轴上的各种零件   d) 带减速装置的直流电动机

图 2-6 供料盘安装零件摆放图

（2）直流电动机的检测

安装前，应对直流电动机进行检测。用万用表低阻值挡测量直流电动机的两根引线，排除断线故障。

（3）光电传感器的选用

安装在接料平台的光电传感器属通用型。考虑到安装位置与检测，选用与带式输送机进料口检测光电传感器不同的型号，即 OMRON 的 E3Z-LS61 型漫反射型光电式接近开关，其外形与接线如图 2-7 所示。

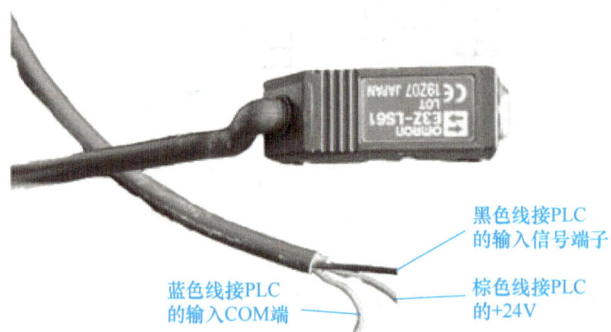

黑色线接PLC
的输入信号端子

蓝色线接PLC
的输入COM端

棕色线接PLC
的+24V

图 2-7 E3Z-LS61 型漫反射型光电式接近开关外形与接线

料盘的整体
安装

步骤二：阅读工作任务书与机械装配图样，明确安装要求。

1）将直流电动机和支架用十字螺钉固定在圆盘上，如图 2-8 所示。

图 2-8 直流电动机与支架安装效果图

2）将零件按照如图 2-9 所示顺序逐个安装。

a) 在直流电动机轴上安装延长轴

b) 装上拨杆

c) 安装防滑块

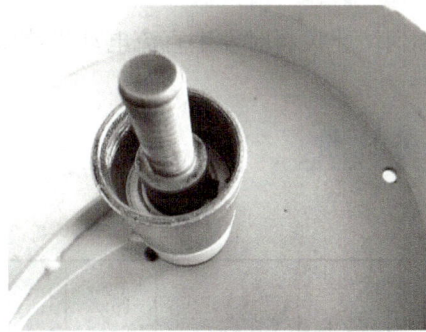

d) 安装滑动部件

e) 安装弹簧

f) 安装弹簧盖

g) 旋装螺母

h) 安装支架

图 2-9　供料盘拨杆组件安装顺序图

3）认真阅读工作任务书与机械装配图样，明确供料盘在实训台上的安装尺寸。

圆盘底脚固定件的安装尺寸参照固定件边沿距离安装平台的左端与上端的尺寸，允许误差为 ±1mm。

注意：圆盘的出料口一定要与接料平台相对接，并注意圆盘出料口与接料平台的对接口要对齐。由于光电传感器需要检测工件是否到位，因此安装后需要对其检测方向进行调整。

▶▶ 知识评测

料盘的定位

1.为什么供料系统的圆盘拨杆要用低速直流电动机驱动？

2.如何防止拨料时发生直流电动机堵转现象？

▶▶ 任务评价

学号：_____   成绩：_____

项目	项目配分	评分点	配分	扣分说明	得分	项目得分
供料装置组装	部件组装 50	圆盘组件	25	圆盘部件安装不完整，扣5分；位置尺寸、高度尺寸和安装尺寸误差超过 ±1mm，每处扣5分		
		固定支架	10	不符合图样要求扣10分		
		接料立柱	10	接料平台尺寸不符合要求扣5分，与供料装置出料口对接不平整扣5分		
		传感器	5	位置安装不准确扣5分		
	组装规范 40	机械部件	30	连接件处需有垫片，缺少时每处扣2分，最多扣20分；供料装置固定部件、接料立柱安装与安装台不垂直扣10分		
		电动机安装	10	直流电动机安装紧固，螺钉松动每处扣2分		
职业与安全意识	10	安全	5	所有操作符合安全操作规程要求得5分，基本符合要求得3分，一般得1分（可一项否决）		
		规范	3	工具摆放、人员着装、包装物品、导线线头等处理符合职业岗位的要求得3分，有2处错误得1分，有2处以上错误得0分		
		纪律	2	遵守课堂纪律、爱护设备和元器件、保持工位整洁得2分，否则扣2分		
违规	扣分	违规		设备不能正常工作扣10分，有不符合职业规范的行为，视情节轻重扣5～10分		
总分						

任务2 物料抓取系统的安装

▶▶ 任务目标

1. 素养目标

1）培养良好的工作方法、工作作风和职业道德。
2）培养自觉遵守国家职业标准和要求的意识。
3）培养安全操作意识。

2. 技能目标

1）能够按照正确流程组装抓取系统。
2）能按照图样要求安装抓取系统。
3）正确调整机械手左右限位和高度，使其能够准确输送工件。

3. 知识目标

1）能够说出机电一体化装置抓取系统各个气缸的功能。
2）能够说出抓取系统的安装流程。

▶▶ 任务描述

组装简易机械手，按图2-10所示机械手安装图要求将机械手安装在平台上，并符合以下要求：

1）调节左右限位挡块上的螺栓，使机械手旋转的角度合理，能够抓取接料平台上的工件。

2）三个送料平台安装位置的尺寸与图样要求误差不大于5mm。

3）机械手悬臂安装的高度合理，当悬臂下降时，手爪上端与接料平台上工件顶部保留约1mm空间。

4）机械手支架固定后，在气缸动作过程中不会发生动摇现象。

5）调整机械手的位置和高度，使其能够抓取三个送料平台的工件。

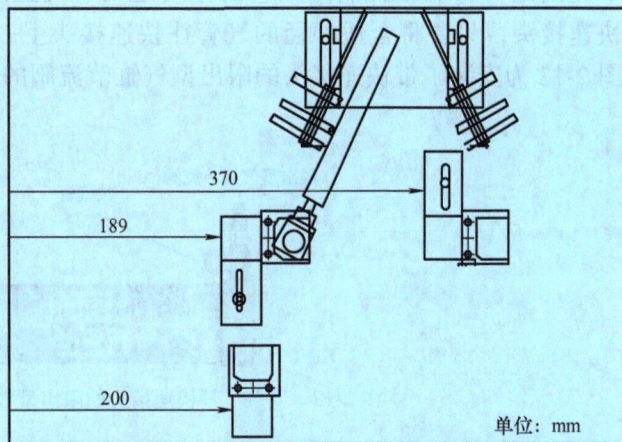

图2-10 机械手安装图

単位：mm

▶▶ 知识链接

1. 标准双作用直线气缸

YL-235A 型机电一体化实训装置传送带上的推料气缸和升降台的升降气缸都是标准双作用直线气缸。标准气缸是指气缸的功能和规格是普遍适用的、结构容易制造的、制造厂通常作为通用产品供应市场的气缸。

双作用气缸是指活塞的往复运动均由压缩空气来推动。图 2-11 为标准双作用直线气缸的半剖面图。图 2-11 中，气缸的两个端盖上都设有进排气通口，从无杆侧端盖气口进气时，推动活塞向前运动；反之，从杆侧端盖气口进气时，推动活塞向后运动。

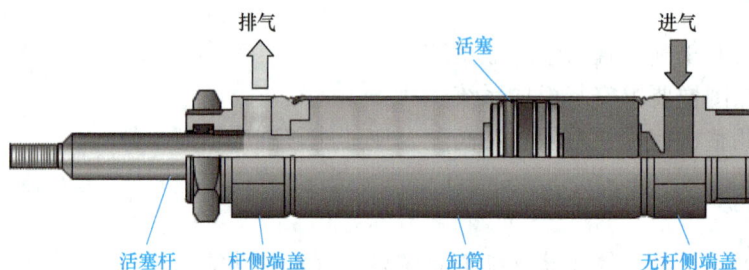

图 2-11 标准双作用直线气缸的半剖面图

双作用气缸具有结构简单、输出力稳定、行程可根据需要选择的优点，但由于它是利用压缩空气交替作用于活塞实现伸缩运动，回缩时压缩空气的有效作用面积较小，所以产生的力要小于伸出时产生的推力。

为了使气缸的动作平稳可靠，气缸的作用气口都安装了限出型气缸节流阀。气缸节流阀是一种流量控制阀，它的作用是调节气缸的动作速度。节流阀上带有接气管的快速接头，只要将合适外径的气管往快速接头上一插即可完成连接，使用时十分方便。图 2-12 为安装了带快速接头的限出型气缸节流阀的气缸外观。

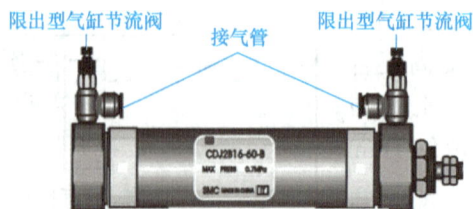

图 2-12 安装了带快速接头的限出型气缸节流阀的气缸外观

图 2-13 为装有两个限出型气缸节流阀的双作用气缸的连接和调节原理示意图。当调节节流阀 A 时，是调整气缸的伸出速度；当调节节流阀 B 时，是调整气缸的缩回速度。

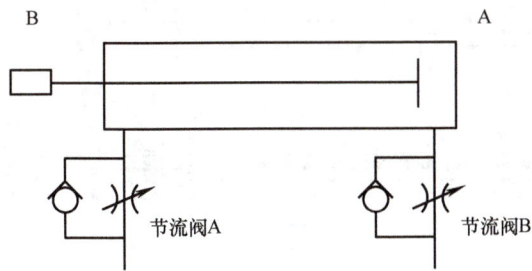

图 2-13 双作用气缸节流阀的连接和调节原理示意图

2. 气动手指

气动手指也称气爪，用于抓取、夹紧工件，通常有滑动导轨型、支点开闭型和回转驱动型等工作方式。YL-235A 使用的是滑动导轨型气动手指，如图 2-14a 所示。其工作原理如图 2-14b、c 所示。

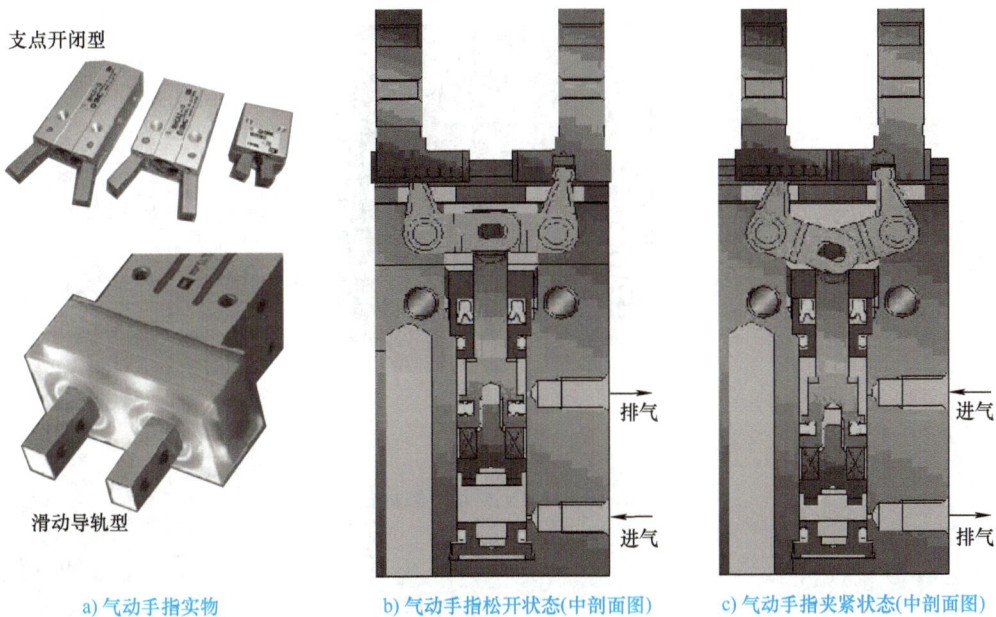

支点开闭型

滑动导轨型

排气

进气

进气

排气

a) 气动手指实物　　　　b) 气动手指松开状态(中剖面图)　　　c) 气动手指夹紧状态(中剖面图)

图 2-14 气动手指实物及其工作原理

3. 导向气缸

导向气缸是指具有导向功能的气缸，一般为标准气缸和导向装置的集合体。导向气缸具有导向精度高、抗扭矩、承载能力强、工作平稳等特点。YL-235A 机械手用于手臂水平伸出和缩回的导向气缸如图 2-15 所示。

图 2-15　导向气缸

4. 摆动气缸

摆动气缸是利用压缩空气驱动输出轴在一定角度范围内做往复回转运动的气动执行元件，用于物体的转位、翻转、分类、夹紧，阀门的开闭以及机器人的手臂动作等。摆动平台是在转轴上安装了一个平台，平台可以在一定角度范围内摆动。

叶片式摆动气缸是用内部止动块或外部挡块来改变其摆动角度。止动块与缸体固定在一起，叶片与转轴连接在一起。气压作用在叶片上，带动转轴回转，并输出转矩。叶片式摆动气缸有单叶片式和双叶片式。双叶片式的输出转矩比单叶片式大一倍，但转角小于180°。图 2-16 和图 2-17 分别为叶片式摆动气缸的示意图和实物图。

进气　排气

图 2-16　叶片式摆动气缸示意图

图 2-17　叶片式摆动气缸实物

>> 任务实施

按照下面的步骤完成机械手的安装和调试。

步骤一: 安装旋转气缸。

如图 2-18 所示,用三个 3mm 的内六角螺钉将旋转气缸固定在支架上。

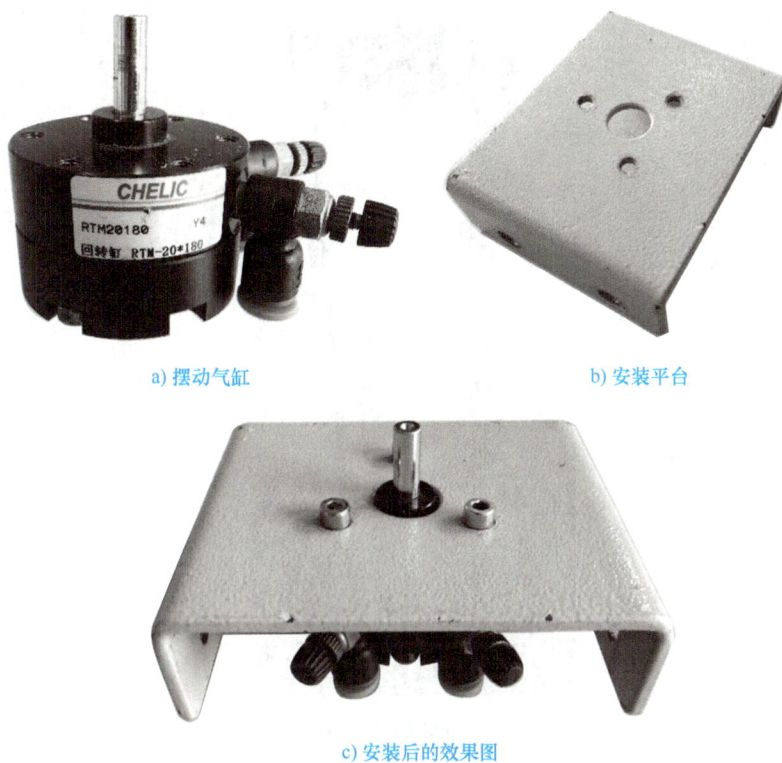

a) 摆动气缸

b) 安装平台

c) 安装后的效果图

图 2-18　旋转气缸的安装

步骤二: 组装机械手支架。

如图 2-19 所示,用 5mm 内六角螺钉将支撑板固定在铝型材支架上。

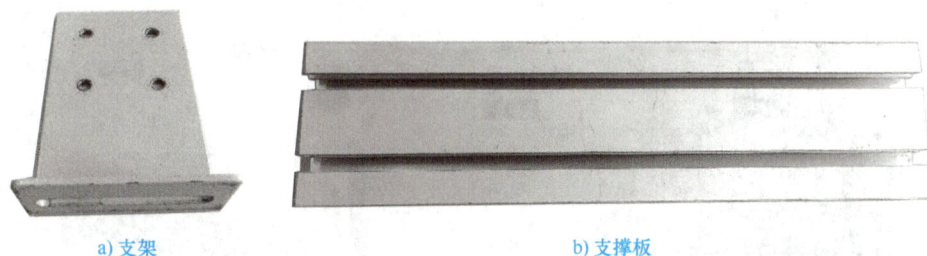

a) 支架

b) 支撑板

图 2-19　机械手支架的组装

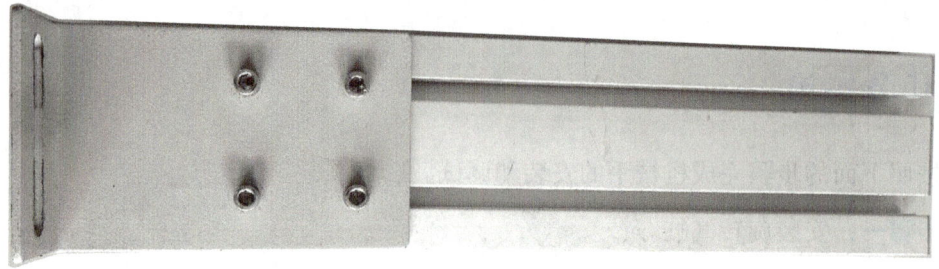

c) 将支架安装在支撑板上

d) 支架安装完成

图 2-19　机械手支架的组装（续）

步骤三： 组装机械手悬臂。

如图 2-20 所示，将手臂固定支架和悬臂气缸托板分别用十字螺钉和 3mm 内六角螺钉固定在悬臂气缸上。

机械手手部安装

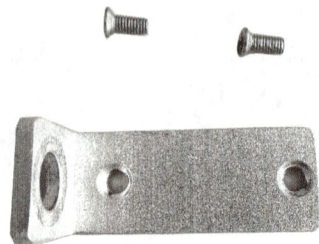

a) 悬臂气缸　　　　　　　　　　　　b) 手臂固定支架及螺钉

图 2-20　机械手悬臂的组装

c) 悬臂气缸托板

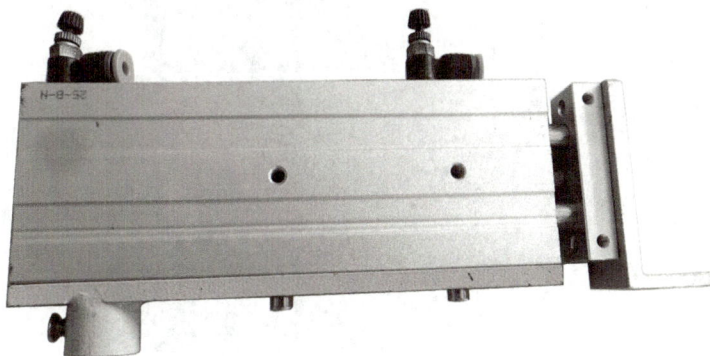

d) 安装完成

图 2-20 机械手悬臂的组装（续）

步骤四： 安装提升手臂。

如图 2-21 所示，将手臂气缸用六边形螺母安装到悬臂上。

图 2-21 机械手提升手臂的安装

步骤五： 安装机械手气爪。

如图 2-22 所示，将气爪逆时针螺旋拧紧到手臂气缸上。

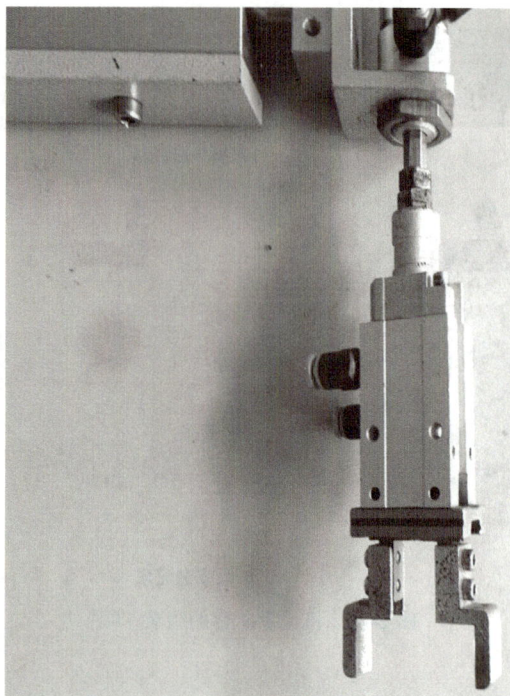

图 2-22 气爪的安装

步骤六： 固定悬臂气缸。

如图 2-23 所示，将悬臂气缸固定支架插入悬臂气缸，并用螺钉固定。

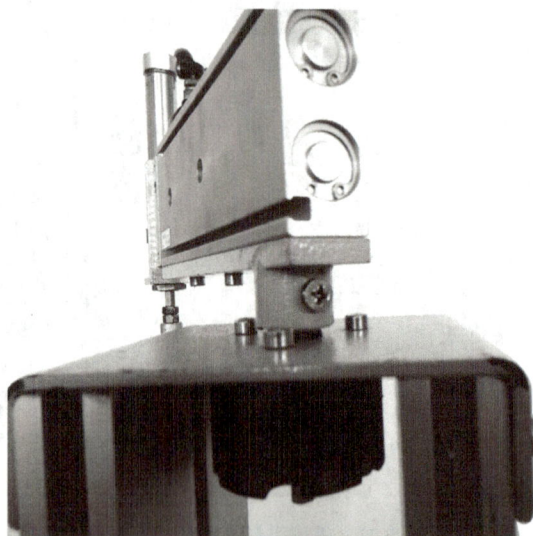

图 2-23 固定悬臂气缸

步骤七： 固定后挡板与左右限止器和缓冲器。

将两个 5mm 螺母放入铝型材支架后侧槽内，并将后挡板用 5mm 螺钉固定。将限止器和缓冲器按照如图 2-24 所示

机械手整体
安装

位置固定在后挡板上，调整两者的位置，机械手旋转到位后，先接触缓冲器，再碰触限止器。

图 2-24　后挡板与左右限止器和缓冲器的安装

步骤八：将安装完毕的机械手固定在实训台上。

1）将固定螺栓挂在机械手安装支架后，推入实训台上的安装槽，如图 2-25 所示。

图 2-25　将机械手支架固定到实训台

2）调整机械手到实训台上边的距离为 85mm。

3）调整机械手到实训台左边的距离为 230mm。

4）拧紧左边固定螺栓。

5）测量机械手支架上部、下部宽度，确保二者差值在 1mm 内，再拧紧右边的螺栓，将机械手固定在实训台上。

6）先松开支架两侧螺栓，调整安装高度为 310mm 后，拧紧固定螺栓。

7）安装完毕。

注意：为保障安装尺寸与图样要求误差小于 1mm，安装过程中可以在测量好尺寸后，先预紧螺栓，再次确认后最终拧紧。

知识评测

1. 本任务安装的机械手，在气压传动系统中使用的执行元件有使机械手转动的_____、用作机械手悬臂的_____、用作机械手手臂的_____及用作机械手手爪的_____。

2. 在气动机械手的限止模块上，安装有对悬臂转动起缓冲作用的_____和对悬臂转动位置起限制作用的_____。

3. 简述机械手总体工艺的规范要求。

任务评价

学号：_____　　　　　　　　　　　成绩：_____

项目		项目配分	评分点	配分	扣分说明	得分	项目得分
部件组装、气路连接、电路连接	部件组装及安装	40	机械手的组装	10	缺少零件、零件安装部位不正确，每个扣2分，最多扣10分		
				4	立柱与悬臂、悬臂与手臂不垂直，各扣2分		
				3	悬臂定位螺钉与旋转气缸转轴定位锁口没对准，扣3分		
				8	左右限位螺钉、缓冲器、传感器安装位置顺序不符，各扣1分		
				3	固定螺钉缺少或松动，每个扣0.5分，最多扣3分		
				2	螺钉垫片松动每个扣0.5分，最多扣2分		
			机械手的安装	8	与设备台面相对位置不正确各扣2分，最多扣6分；支架与台面不垂直扣2分		
				2	支架与台面、立柱连接的固定螺钉松动每处扣0.5分；垫片缺少每处扣0.5分		
	气路连接	20	元件选择	5	气缸用电磁阀与图样不符，每处扣2分，最多扣5分		
			气路连接	5	漏接、脱落、漏气，每处扣1分，最多扣5分		
			气路工艺	10	布局不合理扣2分，零乱扣3分；长度不合理、没有绑扎，每处扣1分，共5分		
	电路连接	20	安全线连接	8	不按电气原理图进行连接，每处扣2分		
			连接工艺	10	连接不牢、露铜超过2mm、同一接线端子上连接导线超2根，每处扣2分		
			编号管	2	连接的导线未套编号管，每处扣0.5分，套管不标号，每处扣0.5分		

（续）

项目	项目配分	评分点	配分	扣分说明	得分	项目得分
职业与安全意识	20	安全	10	所有操作符合安全操作规程要求得 5 分，基本符合要求得 3 分，一般得 1 分（可一项否决）		
		规范	6	工具摆放、人员着装、包装物品、导线线头等的处理符合职业岗位的要求得 3 分，有 2 处错误得 1 分，有 2 处以上错误得 0 分		
		纪律	4	遵守课堂纪律，爱护设备和元器件，保持工位整洁，做到得 4 分，未做到扣 4 分		
违规	扣分	违规		电路短路扣 5 分，设备部件松动使设备不能正常工作扣 1 分，有不符合职业规范的行为，视情节轻重扣 5 ～ 10 分		
总分						

任务 3　物料分拣系统的安装

≫ 任务目标

1. 素养目标

1）培养良好的工作方法、工作作风和职业道德。
2）培养学生自觉遵守国家职业标准和职业要求的意识。
3）培养安全操作意识。

2. 技能目标

1）能够按照正确流程组装分拣系统。
2）能够按照安装图样尺寸要求安装分拣系统。
3）能够按照要求正确调整传送带两个辊轴的平行度和支架高度。

3. 知识目标

1）能够说出分拣系统各个零件的功能。
2）能够说出分拣系统的安装流程。

≫ 任务描述

　　根据如图 2-26 所示组装传送带，然后按如图 2-27 所示尺寸要求，在实训平台上完成传送机构的安装，并进行调试。

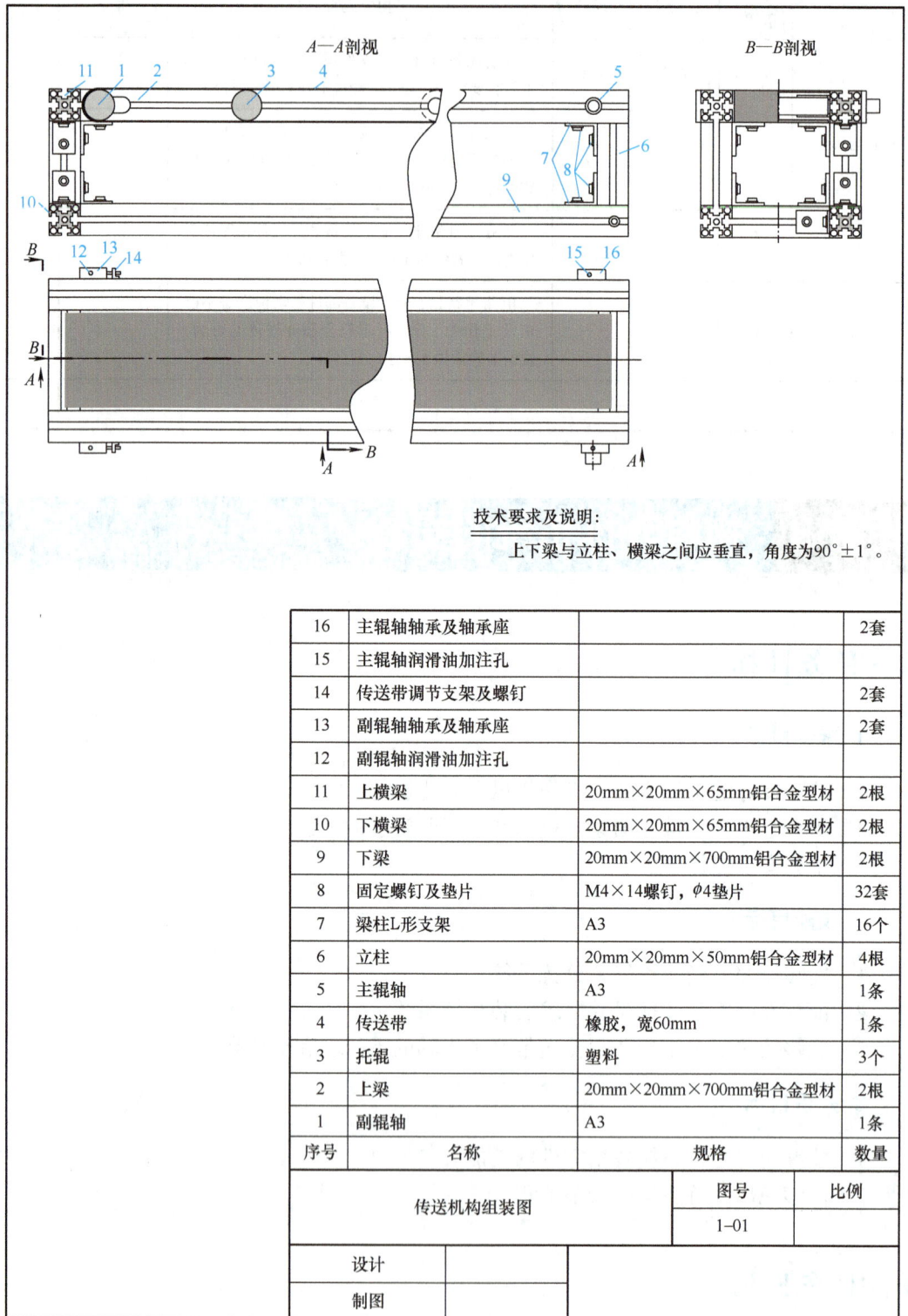

技术要求及说明：

上下梁与立柱、横梁之间应垂直，角度为90°±1°。

序号	名称	规格	数量
16	主辊轴轴承及轴承座		2套
15	主辊轴润滑油加注孔		
14	传送带调节支架及螺钉		2套
13	副辊轴轴承及轴承座		2套
12	副辊轴润滑油加注孔		
11	上横梁	20mm×20mm×65mm铝合金型材	2根
10	下横梁	20mm×20mm×65mm铝合金型材	2根
9	下梁	20mm×20mm×700mm铝合金型材	2根
8	固定螺钉及垫片	M4×14螺钉，ϕ4垫片	32套
7	梁柱L形支架	A3	16个
6	立柱	20mm×20mm×50mm铝合金型材	4根
5	主辊轴	A3	1条
4	传送带	橡胶，宽60mm	1条
3	托辊	塑料	3个
2	上梁	20mm×20mm×700mm铝合金型材	2根
1	副辊轴	A3	1条
序号	名称	规格	数量

传送机构组装图	图号	比例
	1—01	

设计		
制图		

图 2-26　传送机构组装图

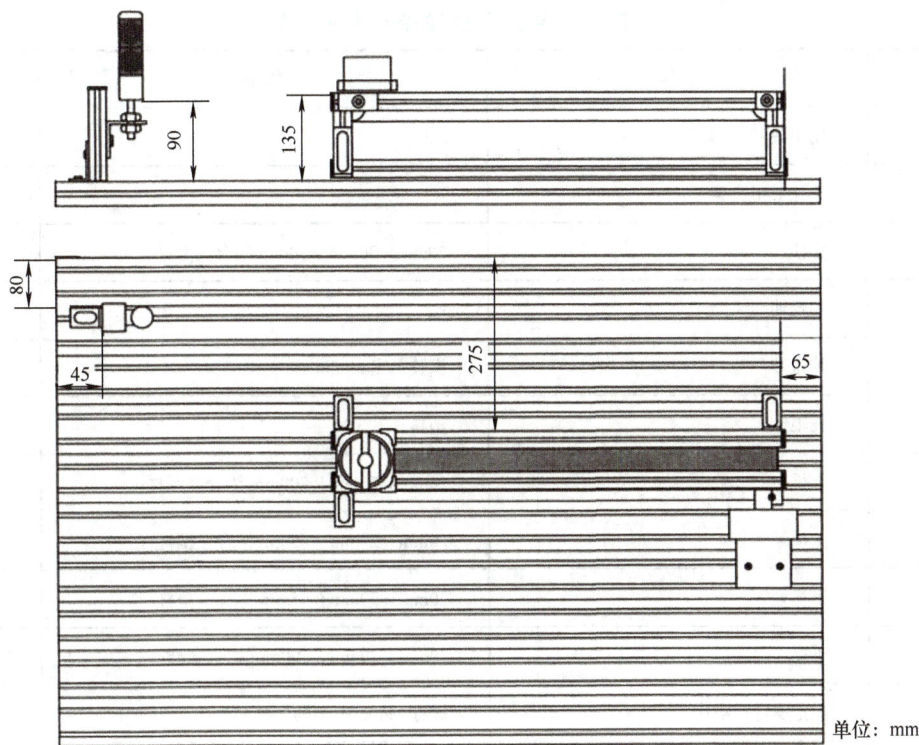

图 2-27　传送机构安装图

单位：mm

>> 知识链接

　　输送机是使用非常广泛的机电设备。在物料输送、产品生产线、工件分拣中，输送机是不可缺少的设备。输送机是一种物料输送设备。按输送机的输送能力，有重型输送机，如矿山输送机；轻型输送机，如用于电子、塑料、食品轻工、化工医药等行业的输送机。按输送机的结构，有带式输送机、板式输送机、螺旋输送机、链式输送机、筒式输送机等。

　　带式输送机的传送带有橡胶、帆布、PVC、PU 等多种材质，除用于普通物料的输送外，还可用于耐油、耐腐蚀、防静电等有特殊要求物料的输送。常用的带式输送机可分为普通帆布芯胶带式输送机、钢绳芯高强度胶带式输送机、全防爆胶带式输送机、难燃型胶带式输送机、双速双运胶带式输送机、可逆移动胶带式输送机和耐寒胶带式输送机等。

　　带式输送机可单机应用，也可与机械手、提升机和装配线等其他设备组成自动化生产线，以满足零部件加工、各种物品生产的需要。在工业生产中，带式输送机常用作生产机械设备之间构成连续生产的纽带，以实现生产环节的连续性和自动化，提高生产效率，减轻工人的劳动强度。

1. 带式输送机的各个零件汇总

　　表 2-1 列出了带式输送机的各个零件的名称、规格和数量。

表 2-1　带式输送机的各个零件汇总

序号	名称	规格	数量
1	副辊轴	A3	1 条
2	梁柱 L 形支架	A3	16 个
3	立柱	20mm×20mm×50mm 铝合金型材	4 根
4	主辊轴	A3	1 条
5	传送带	橡胶，宽 60mm	1 条
6	托辊	塑料	3 个
7	上梁	20mm×20mm×700mm 铝合金型材	2 根
8	上横梁	20mm×20mm×65mm 铝合金型材	2 根
9	下横梁	20mm×20mm×65mm 铝合金型材	2 根
10	下梁	20mm×20mm×700mm 铝合金型材	2 根
11	固定螺钉及垫片	螺钉 M4×14、垫片 φ4	32 套
12	传送带调节支架及螺钉		2 套
13	副辊轴轴承及轴承座		
14	副辊轴润滑油加注孔		2 套
15	主辊轴轴承及轴承座		
16	主辊轴润滑油加注孔		2 套

2. 带式输送机的组装要求

带式输送机主辊筒轴与带滚筒轴应在同一平面，两轴的不平行度不超过 0.5mm。调节两轴之间的距离，使带松紧适度，保证传送带运行平稳，无打滑与跳动现象。完成调节后，检查传送带的松紧程度，用手转动主辊筒轴观察传送带是否运动、是否有卡阻现象。

3. 三相交流异步电动机与带式输送机主辊筒轴的连接

带式输送机由电动机拖动，通过连接，电动机将能量和运动传递给带式输送机。常用的连接方式有 V 带连接、齿轮连接、链轮连接和联轴器连接。

在安装带式输送机时，电动机转轴与带式输送机主辊筒轴的连接很关键。要求电动机转轴的中心线与带式输送机主辊筒轴的中心线在同一直线，如果不在同一直线，设备会产生振动，导致联轴器的寿命缩短。

两轴中心线不在同一直线上的偏差有轴向偏差、径向偏差和角度偏差三种。不同设备的安装对这些偏差的要求不同。安装机电设备时，只要使安装的实际偏差比规定的偏差小，即符合要求。

4. 三相交流异步电动机

带式输送机由三相交流异步电动机拖动，由于 YL–235A 型机电一体化实训装置的带式输送机只用于实训，因此配备的三相交流异步电动机属于小容量的微型电动机，如图 2-28 所示。电动机铭牌的额定数据如下：额定电压为 380V，额定电流为 0.18A，极数为四极，额定转速为 1300r/min，额定功率为 25W。三相交流异步电动机带 10∶1 的减速装置，因此减速后轴的转速约为 130r/min。三相交流异步电动机可用变频调速器控制，可实现多段速运行。

三相交流异步电动机的支架由两个互相垂直的安装面组成，如图 2-29 所示。其中一个安装面安装在实训台的台面上，可调节三相交流异步电动机安装时的轴向偏差；另一个安装面固定在三相交流异步电动机上，可调节三相交流异步电动机的中心高度，减小安装时的径向偏差。

图 2-28　交流电动机

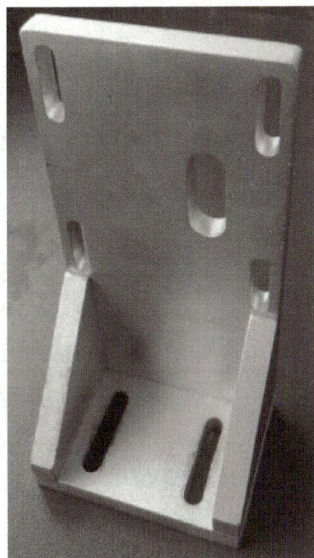

图 2-29　电动机支架

减振胶垫是厚度为 5mm 的橡胶垫。安装时，在三相交流异步电动机安装支架与安装平台台面之间应垫上一块橡胶垫，以起到减振的作用。

5. 联轴器

用微型十字滑块弹性联轴器连接三相交流异步电动机和带式输送机，将三相交流异步电动机的能量和运动传递给带式输送机，如图2-30所示。十字滑块弹性联轴器对轴向偏差的要求不高，不仅容易安装，还可以减小因轴向偏差引起的振动。

图 2-30　电动机与微型十字滑块弹性联轴器安装示意图

≫ 任务实施

步骤一：安装带式输送机。

1）将两个长梁柱和两个短梁柱用内六角螺栓固定成矩形框，安装好带式输送机的下框架，如图2-31所示。

传送带底部安装

a) 长梁柱　　　　　　　　　　　　　　　　b) 短梁柱

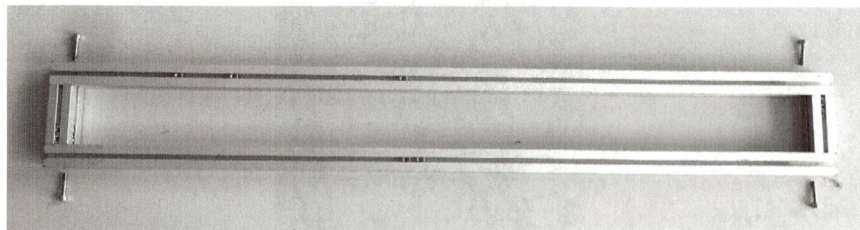

c) 安装示意图

图 2-31　传送带底座的安装

2）将两个立柱用短梁柱连接后，用L形支架将H形立柱固定在带式输送机的下底面上，如图2-32所示。

a) L 形支架   b) 短梁柱   c) 立柱

d) 安装示意图

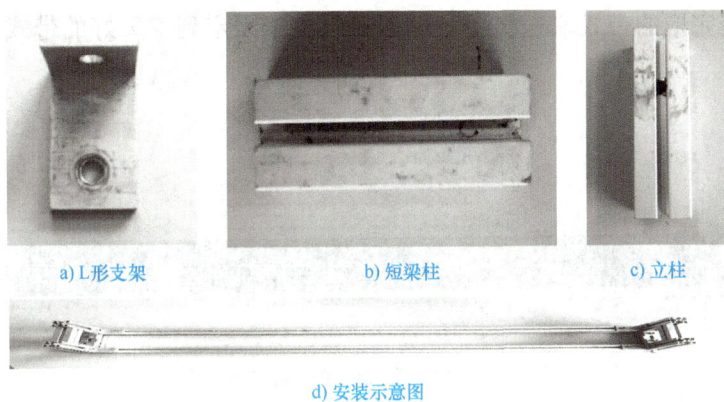

图 2-32 带式输送机左右两个立柱的安装

注意: 在四个立柱的外侧槽分别留有两个螺母,以备固定带式输送机支架用。在固定物料检测光电传感器的一侧,以及两个立柱侧槽里各留有一个螺母,以备固定传感器支架用。

传送带上部安装

3)将主辊轴与副辊轴、三个中间托辊用传送带包裹,安装到两个上横梁柱上,带式输送机上表面安装完毕,如图 2-33 所示。

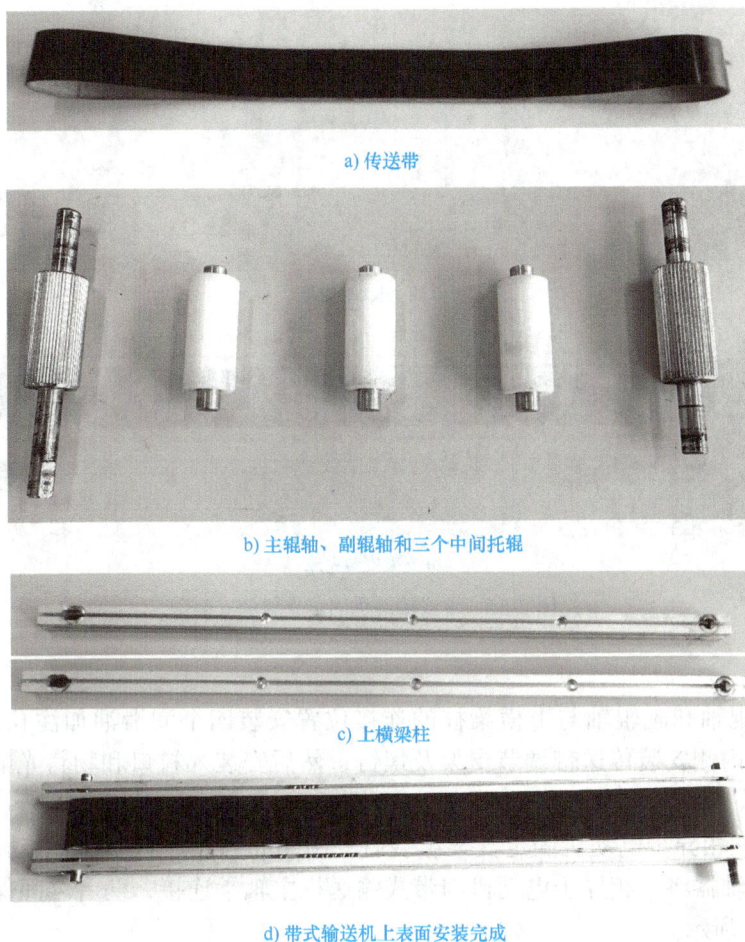

a) 传送带

b) 主辊轴、副辊轴和三个中间托辊

c) 上横梁柱

d) 带式输送机上表面安装完成

图 2-33 带式输送机上表面的安装

4）将安装完毕的带式输送机上表面用L形支架固定到安装好的带式输送机底座上，如图2-34所示。

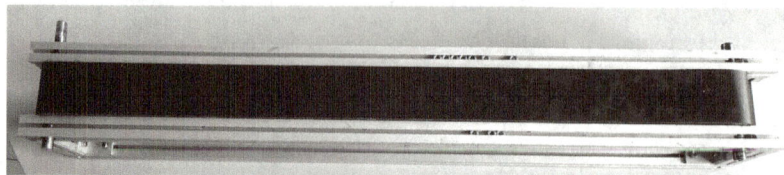

图2-34　带式输送机的安装

5）将四个长L形支架分别用两个3mm内六角螺钉固定到带式输送机立柱外侧，然后根据尺寸要求固定到实训台上，如图2-35所示。

传送带整体安装

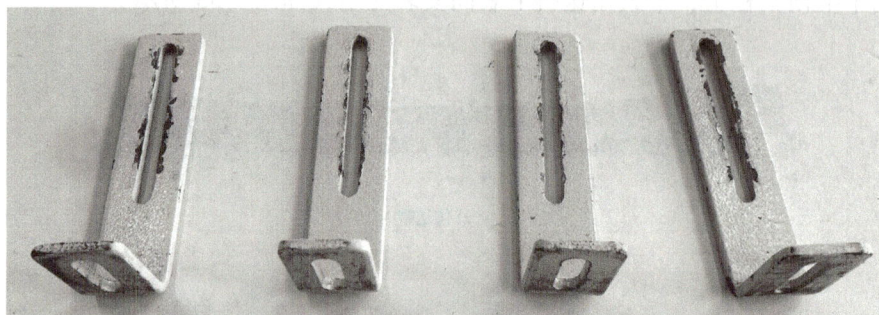

a) 四个长L形支架

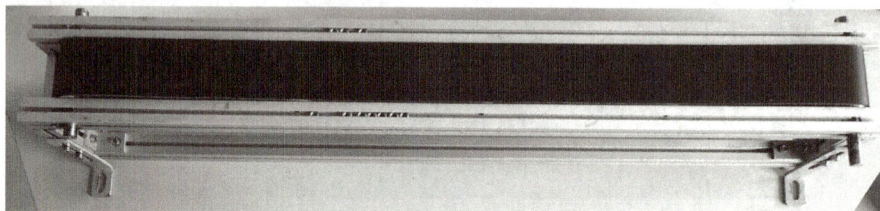

b) 支架安装完成

图2-35　带式输送机固定支架的安装

6）在主辊轴和副辊轴与上横梁柱的连接位置安装四个润滑油加注孔，并在主辊轴润滑油加注孔内侧安装传送带调节支架及螺钉，然后安装入料口和物料光电传感器支架，如图2-36所示。

7）完成三相异步电动机固定支架组装后，用4mm内六角螺钉将电动机固定在支架上，然后用联轴器将三相异步电动机与带式输送机主轴承连接，两者之间保留1mm的间隙，如图2-37所示。

a) 四个润滑油加注孔

b) 调节支架

c) 入料口

d) 安装完成

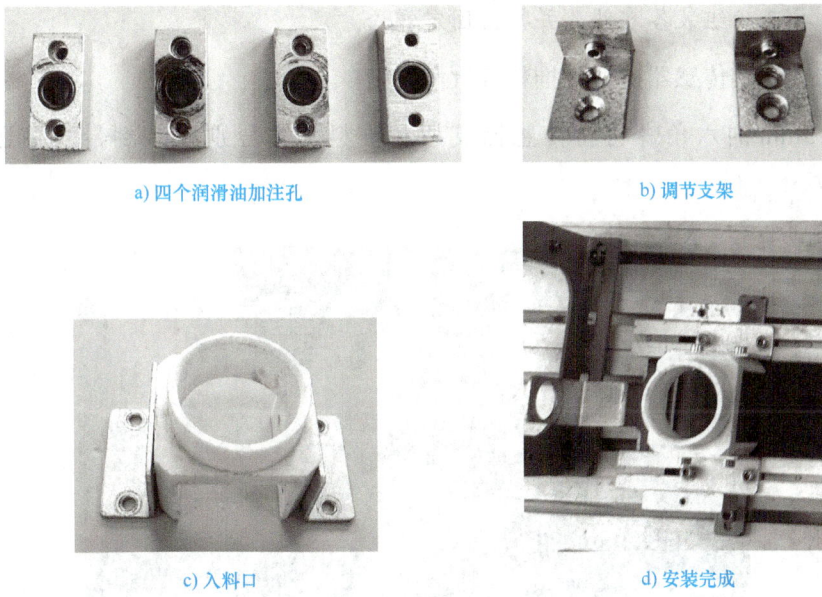

图 2-36　带式输送机润滑油加注孔、入料口和物料光电传感器支架的安装

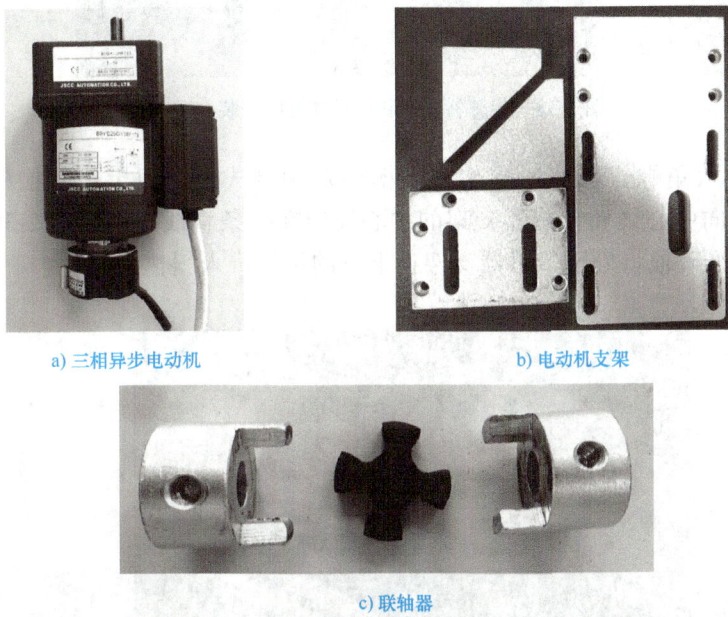

a) 三相异步电动机

b) 电动机支架

c) 联轴器

d) 安装完成的电动机支架

e) 安装完成

图 2-37　三相异步电动机的安装

注意：要正确组装各零件，并拧紧固定螺栓。

步骤二：安装传感器支架、推料气缸和斜槽。

1）用3mm内六角螺钉将传感器支架和推料气缸分别安装到带式输送机上，如图2-38所示。

图2-38　传感器支架和推料气缸的安装

2）用3mm内六角螺钉和L形支架将斜槽固定到带式输送机上，斜槽的纵向中心线、推料气缸的纵向中心线和传感器支架的中心线应在一条直线上，如图2-39所示。当气缸推出时，应能准确地将处于传感器支架正下方的工件推入斜槽中。

图2-39　斜槽的安装

步骤三：将带式输送机安装在平台上。

带式输送机安装图如图 2-40 所示。

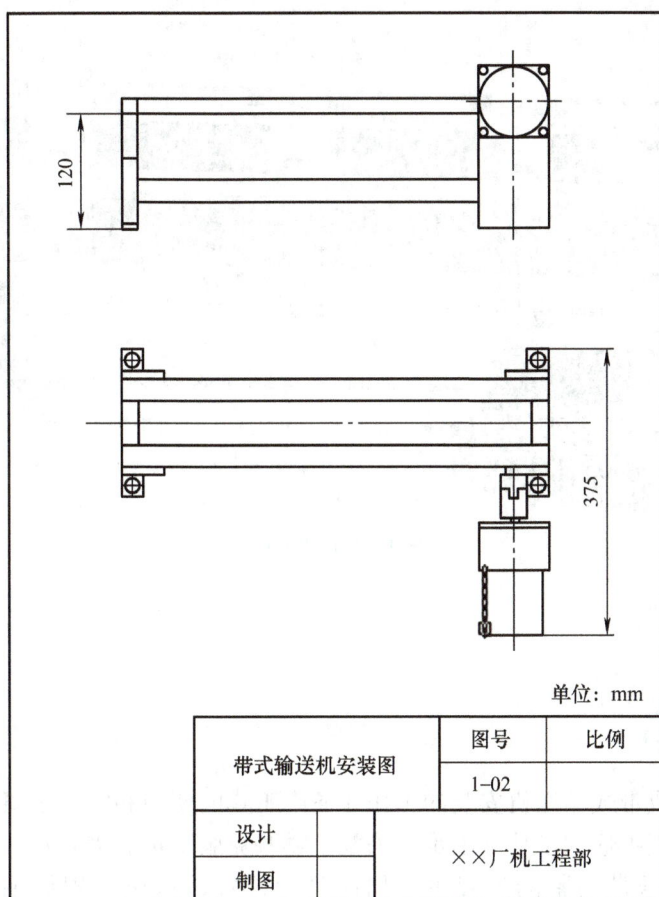

单位：mm

带式输送机安装图	图号	比例
	1-02	
设计	××厂机工程部	
制图		

图 2-40 带式输送机安装图

1）将固定螺栓挂在带式输送机安装支架后，推入平台上的安装槽。

2）调整带式输送机上梁下棱到安装平台距离为 120mm，拧紧固定螺栓。

3）调整带式输送机到安装平台右边的距离为 375mm，拧紧固定螺栓。

4）测量带式输送机上前梁、上后梁四角到安装平台的距离，确保二者差值在 1mm 内。

5）带式输送机在安装平台安装完毕。

注意：为保障安装尺寸与图样要求误差小于 1mm，安装过程中可以在测量好尺寸后，先预紧螺栓，再次确认后最终拧紧。

将斜槽、传感器支架、推料气缸支架及推料气缸等元器件固定到带式输送机上，完成分拣单元的安装，如图 2-41 所示。

图 2-41　分拣单元的安装

>> 知识评测

1. 总结在完成带式输送机安装的工作任务中工具的使用和安装步骤。

2. 在安装过程中遇到了什么困难？采取了哪些克服困难的措施？

3. 在调节传送带松紧的过程中，如何测量带式输送机主辊筒轴与带辊筒轴的平行度？

4. 带式输送机的主辊轴与电动机之间用_____连接，安装时要求带式输送机主辊轴的轴线与电动机轴的轴线_____。

5. 带式输送机主辊轴的轴线与电动机轴的轴线不在同一直线的程度用_____表示。

6. 带式输送机主辊轴与副辊轴之间应平行，否则传送带在运行过程中容易_____，要使带式输送机主辊轴与副辊轴之间平行，可通过安装在副辊轴一侧的_____调节副辊轴与主辊轴之间的距离。

7. 在带式输送机主辊轴与副辊轴之间的不平行程度用_____表示，要使带式输送机在运行时传送带不跑偏，必须保证安装的_____符合要求。

8. 带式输送机的主辊轴和副辊轴的轴承为_____，为减小轴与轴承之间的摩擦，要经常加注_____。

9. 安装在三相交流异步电动机上的减速器，型号为_____，该减速器的变速比为_____。

任务评价

学号：_____ 　　　　成绩：_____

项目	项目配分	评分点	配分	扣分说明	得分	项目得分
部件组装及安装	80	带式输送机的组装	20	缺少零件、零件安装部位不正确，每个扣 2 分，最多扣 20 分		
			8	立柱与横梁、上下梁位置不正确，各扣 4 分		
			6	主辊轴润滑油加注孔位置不正确扣 2 分		
			16	左右限位螺钉、缓冲器、传感器安装位置顺序不符，各扣 2 分		
			6	固定螺钉缺少或松动，每只扣 1 分，最多扣 6 分		
			4	螺钉垫片缺少或松动每个扣 1 分，最多扣 4 分		
		带式输送机的安装	12	与设备台面相对位置不正确各扣 3 分，共 9 分；支架与台面不垂直扣 3 分		
			8	支架与台面、立柱连接的固定螺钉缺少或松动，每处扣 1 分，垫片缺少或松动，每处扣 1 分		
职业与安全意识	20	安全	10	所有操作是否符合安全操作规程，符合要求得 5 分，基本符合要求得 3 分，一般得 1 分（可一项否决）		
		规范	6	工具摆放、人员着装、包装物品、导线线头等处理符合职业岗位的要求得 3 分，有 2 处错误得 1 分，有 2 处以上错误得 0 分		
		纪律	4	遵守课堂纪律，爱护设备和元器件，保持工位整洁，做到得 4 分，未做到扣 4 分		
违规	扣分	违规		设备不能正常工作扣 1 分，有不符合职业规范的行为，视情节轻重扣 5～10 分		
总分						

项目 ③

机电一体化装置非机械部分的安装

任务 1 气动系统的安装

▶▶ 任务目标

1. 素养目标

1）培养独立思考问题的习惯。
2）培养精益求精的工匠精神。
3）培养安全意识、规则意识和合作精神。

2. 技能目标

1）能够按照气动原理图正确安装气路系统。
2）能够调试气路符合运行要求。
3）能够按照工艺标准完成气路安装。

3. 知识目标

1）能够说出气动系统各个部件的构造与功能。
2）能够说出气路系统的安装流程。

▶▶ 任务描述

按照图 3-1 所示气动原理图选择元件，连接气路，气路走向合理，气管绑扎间距符合要求，保障所有气缸能够正确动作。

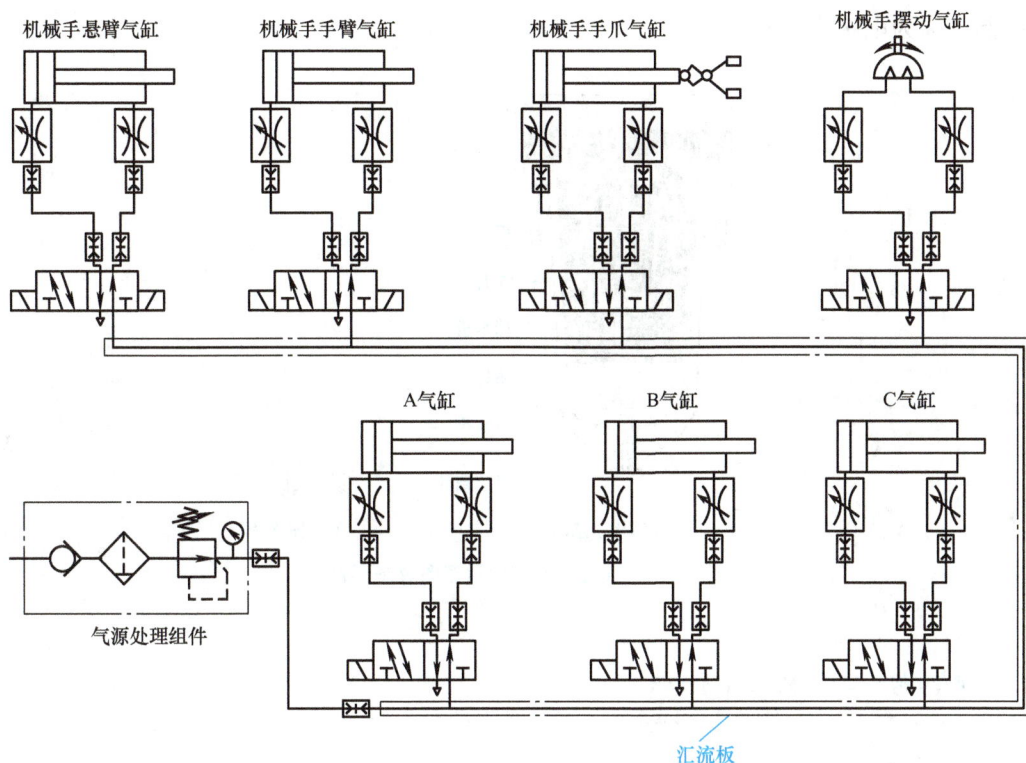

图 3-1　气动原理图

>> 知 识 链 接

1. 过滤调压阀

过滤调压阀是由空气过滤器和调压阀组合在一起构成的气源调节装置，是气动系统中常用的气源处理装置。

空气在进入气动系统前必须经过空气过滤器，以滤去其中所含的灰尘和杂质。空气过滤器的过滤原理是根据固体物质和空气分子的大小和质量不同，利用惯性、阻隔和吸附的方法将灰尘和杂质与空气分离。图 3-2 中的排放螺栓应定期打开，以放掉积存的油、水和杂质。有些场合由于人工观察水位和排放不便，可以将排放螺栓改为自动排水阀，实现自动定期排放。

调压阀的作用是将较高的输入压力调整到符合设备使用要求的压力，并保持输出压力稳定。由于调压阀的输出压力必然小于输入压力，所以调压阀也常被称为减压阀。YL–235A 型机电一体化实训装置中使用的直动式调压阀如图 3-3 所示。

2. 电磁阀

双作用气缸的活塞运动是依靠向气缸一端进气、另一端排气，再反过来从另一端进气、一端排气来实现的。气体流动方向的改变则由能改变气体流动方向或通断的控制阀

（也称为方向控制阀）加以控制。在自动控制中，方向控制阀常采用电磁控制方式实现方向控制，称为电磁换向阀。

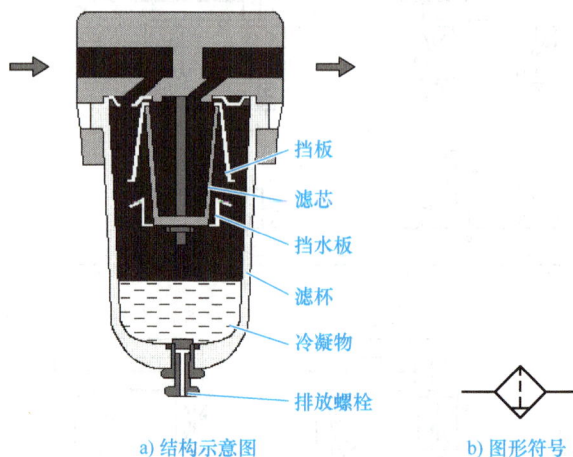

挡板
滤芯
挡水板
滤杯
冷凝物
排放螺栓

a) 结构示意图　　　　　　　　b) 图形符号

图 3-2　空气过滤器结构示意图及图形符号

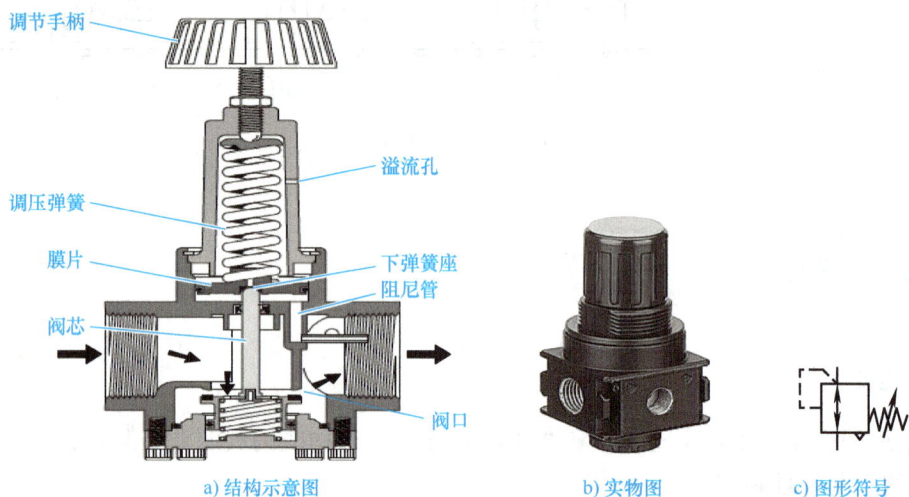

调节手柄
溢流孔
调压弹簧
膜片
下弹簧座
阻尼管
阀芯
阀口

a) 结构示意图　　　　　b) 实物图　　　　　c) 图形符号

图 3-3　直动式调压阀结构示意图、实物图及图形符号

电磁换向阀是利用其电磁线圈通电时，静铁芯对动铁芯产生电磁吸力使阀芯切换，达到改变气流方向的目的，简称电磁阀。电磁换向阀的阀芯在不同位置时，各接口有不同的通断位置，由电磁换向阀的阀芯位置和接口通断的不同组合可以得到各种不同功能的电磁换向阀。YL-235A 型机电一体化实训装置中使用的是二位五通单向电磁阀和二位五通双向电磁阀。所谓"位"指的是为了改变流体方向，阀芯相对于阀体所具有的不同的工作位置，表现在图形符号中，即图形中有几个方格就有几位；所谓"通"指的是电磁换向阀与系统相连的通口，即图形中有几个通口即为几通。"Ⴀ"和"⊥"表示各接口互不相通。

双向电磁阀如图 3-4 所示。简易气动机械手使用四个双向电磁阀控制。

图 3-5 为二位三通单向电磁阀的工作原理及图形符号。图中只有两个工作位置，并具有供气口 P、工作口 A 和排气口 R，故为二位三通单向电磁阀。

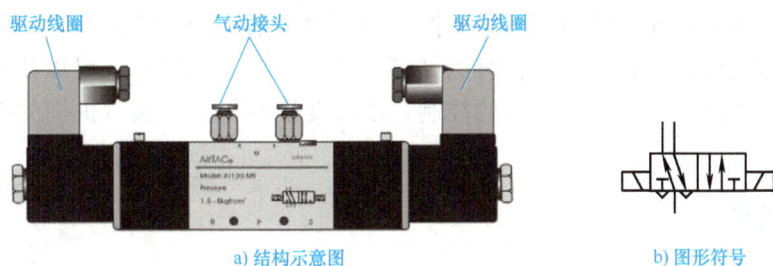

a) 结构示意图　　　　　　　　　b) 图形符号

图 3-4　双向电磁阀结构示意图及图形符号

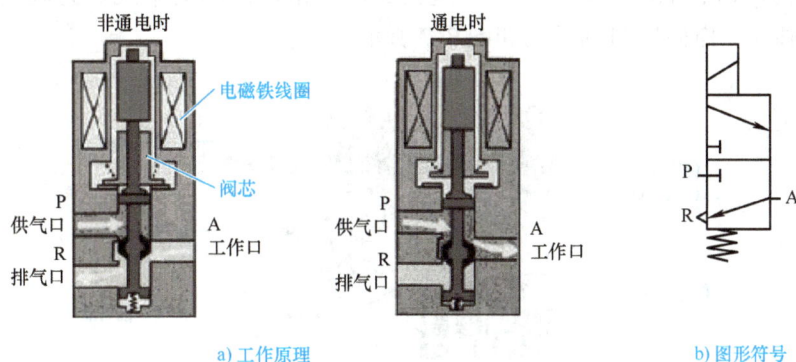

a) 工作原理　　　　　　　　　b) 图形符号

图 3-5　二位三通单向电磁阀的工作原理及图形符号

图 3-6 为二位三通、二位四通和二位五通单向电磁阀的图形符号，图形中有几个方格就是几位。

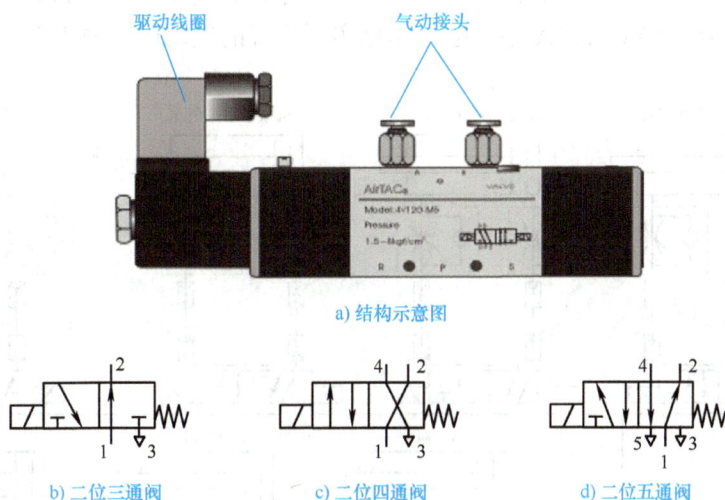

a) 结构示意图

b) 二位三通阀　　　　c) 二位四通阀　　　　d) 二位五通阀

图 3-6　单向电磁阀结构示意图及部分图形符号

YL-235A 型机电一体化实训装置所有工作单元的执行气缸都是双作用气缸，因此控制它们工作的电磁阀需要有两个工作口、两个排气口以及一个供气口，故使用的电磁阀均为二位五通电磁阀。传送带上两个推料气缸的运动使用两个二位五通单向电磁阀来控制。这两个电磁阀带有手动换向和加锁钮，有 LOCK（锁定）和 PUSH（开启）两个位置。用小螺钉旋具把加锁钮旋到 LOCK 位置时，手控开关向下凹进，不能进行手控操作，只有在 PUSH 位置，可用工具向下按手控开关，信号为"1"，等同于该侧的电磁信号为"1"；常态时，手控开关的信号为"0"。在进行设备调试时，可以使用手控开关对阀进行控制，从而实现对相应气路的控制，以改变推料气缸等执行机构的控制，达到调试的目的。

3. 电磁阀组

YL-235A 型机电一体化实训装置中所有的电磁阀都集中安装在汇流板上。汇流板中两个排气口末端均连接了消声器，其作用是减少压缩空气在向大气排放时的噪声。这种将多个阀与消声器、汇流板等集中在一起构成的一组控制阀的集成称为阀组，而每个阀的功能彼此独立。电磁阀组的结构如图 3-7 所示。

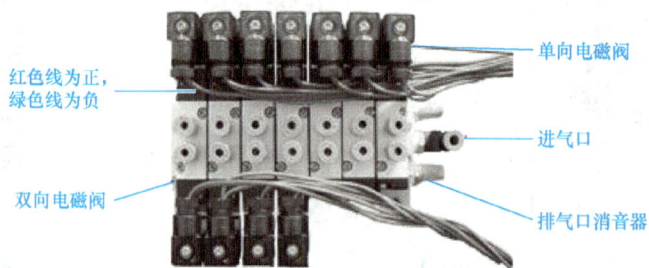

图 3-7 电磁阀组的结构

4. 气动系统

气动系统由气源、气路、控制元件、执行元件、辅助元件等组成，并完成规定的动作。任何复杂的气路系统，都是由一些具有特定功能的气动基本回路、功能回路和应用回路组成。图 3-8 为 YL-235A 型机电一体化实训装置的气动回路原理图。

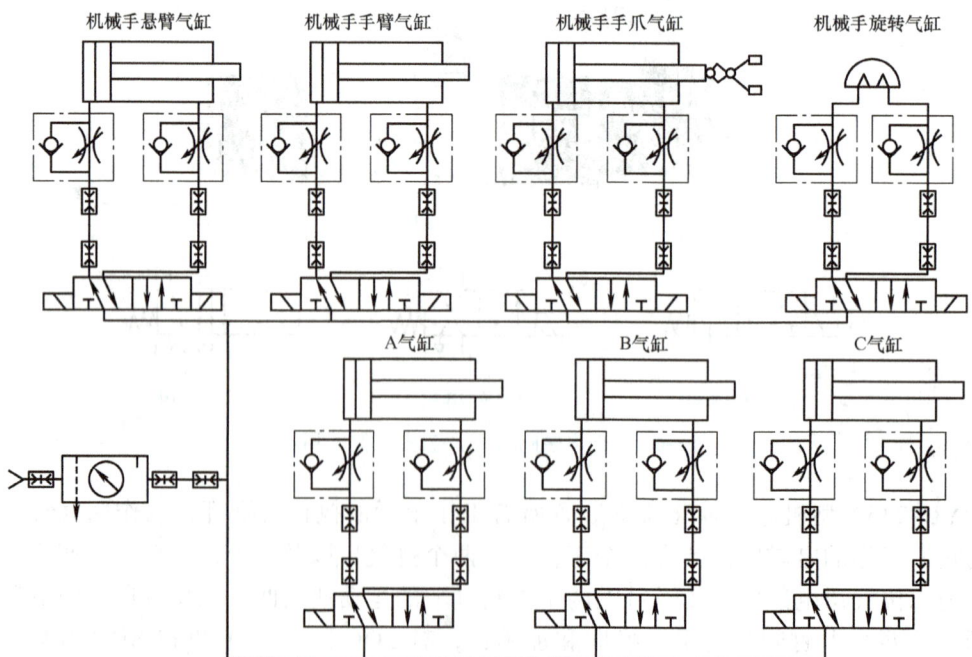

图 3-8 气动回路原理图

任务实施

步骤一：气路连接方法。

1）快速接头与气管对接。

2）气管插入快速接头时，应用手拿着气管端部轻轻压入，使气管通过弹簧片和密封圈到达底部，保证气路连接可靠、牢固、密封；气管从快速接头拔出时，应用手将气管向接头里推一下，然后将接头压紧再拔出，禁止强行拔出。

3）用软管连接气路时，不允许急剧弯曲，通过弯曲半径应大于其外径的 9～10 倍。管路的走向要合理，尽量平行布置，力求最短，弯曲要少且平缓，避免直角弯曲。

步骤二：气路连接步骤。

1）连接气源。

2）连接执行元件。

3）整理、固定气管。气管与传感器要分开绑扎，绑扎间距为 50～60mm，可以用马鞍扣固定气管。在安装气管时，气管应留有一定的长度，保证机械手能够正常运行，如图 3-9 所示。

图 3-9　气路安装完成图

注意：为了安装方便，进、排气孔在底座两侧都有排气孔和消音器，安装时可将不需要接气管一端的孔封闭。电磁阀必须安装在密封胶垫上，安装时，电磁阀与底座的进、排气孔一定要对准，并用螺钉压紧，不能有漏气现象。

步骤三： 气路检查。

1）打开气源，调节调压阀的调节旋钮，使气压为 0.3 ～ 0.4MPa。

2）检查通气后所有气缸能否回到项目要求的初始位置。

3）观察是否有漏气现象，若漏气，则关闭气源，查找漏气原因并排除。

4）调节气缸运动速度，使各推料气缸运动平稳，无振动和冲击；推料动作可靠，且伸缩速度基本保持一致。

5）根据气动原理图查看每个电磁阀所接气缸是否符合要求。

▶▶ 知识评测

1. 总结气路连接的步骤。

2. YL-235A 型机电一体化实训装置气压传动中使用的气缸有单作用气缸和双作用气缸两种，分别简述单作用气缸和双作用气缸的工作过程。

3. YL-235A 型机电一体化实训装置气压传动系统中使用的执行元件有：使机械手转动的_____，其型号为_____；用作机械手悬臂的_____，其型号为_____；用作机械手手臂的_____，其型号为_____；用作机械手手爪的_____，其型号为_____；还有推送物料进入出料槽口的_____，其型号为_____。

4. 本次安装与调试的气压传动中，使用的二位五通滑阀式电磁换向阀有单向和双向两种，其型号分别为_____和_____。

5. 三位五通换向阀的阀芯有_____位置，有_____气体进出口。

6. 分别画出二位五通单向滑阀式电磁阀和二位五通双向滑阀式电磁阀在气动系统图中的图形符号。

▶▶ 任务评价

学号：_____   成绩：_____

项目	项目配分	评分点	配分	扣分说明	得分	项目得分
气路连接	90	元件选择	30	气缸用电磁阀与图样不符，每处扣2分		
		气路连接	30	漏接、脱落、漏气，每处扣5分		
		气路工艺	30	布局不合理扣5分，零乱扣5分；长度不合理，没有绑扎，每处扣5分		

（续）

项目	项目配分	评分点	配分	扣分说明	得分	项目得分
职业与安全意识	10	安全	5	所有操作符合安全操作规程得 5 分，基本符合要求得 3 分，一般得 1 分（可一项否决）		
		规范	3	工具摆放、人员着装、包装物品、导线线头等处理符合职业岗位的要求得 3 分，有 2 处错误得 1 分，有 2 处以上错误得 0 分		
		纪律	2	遵守课堂纪律，爱护设备和元器件，保持工位整洁，做到得 2 分，未做到扣 2 分		
违规	扣分	违规		设备部件松动使设备不能正常工作扣 10 分，有不符合职业规范的行为，视情节轻重扣 5～10 分		
总分						

任务 2　电气输入系统的安装

≫ 任务目标

1. 素养目标

1）培养逻辑思维能力。
2）培养精益求精的工匠精神。
3）强化安全意识、规则意识和合作精神。

2. 技能目标

1）能够按照电气原理图正确安装电气输入系统的各个元件。
2）能够按照工艺标准安装电气输入系统。

3. 知识目标

1）能够说出电路各个输入部件的功能及工作原理。
2）能够说出电气输入系统的安装流程和工艺要求。

≫ 任务描述

按图 3-10 电气控制原理图中 PLC 输入端的要求，先将电源部分连接完毕，然后将气缸限位开关和传感器与 PLC 进行连接，最后将电路按照相关工艺要求进行整理，使装置输入电路能够正常工作。

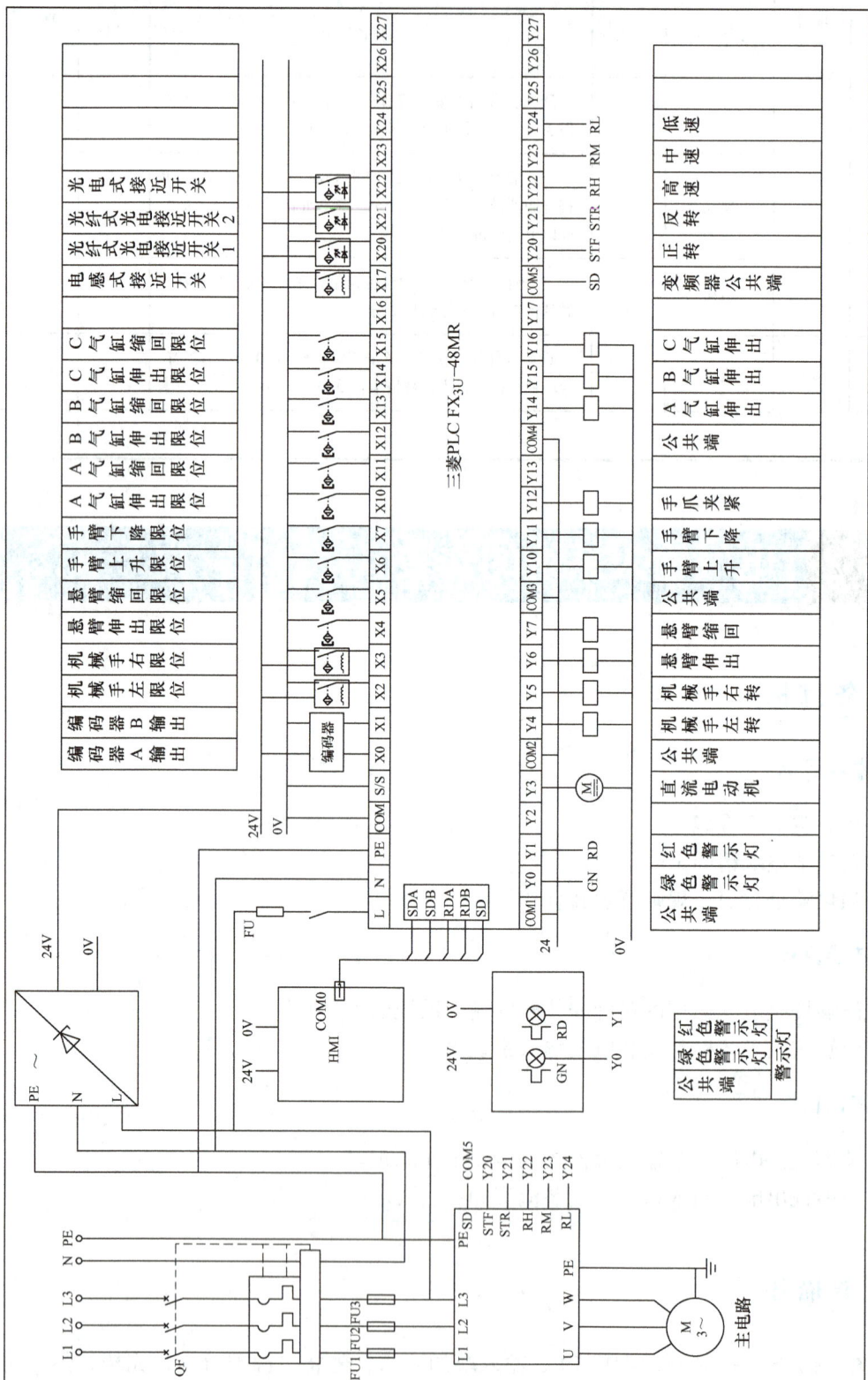

图 3-10 电气控制原理图

知识链接

YL-235A 型机电一体化实训装置各工作单元所使用的传感器都是接近传感器，它利用传感器对所接近的物体具有的敏感特性来识别物体的接近，并输出相应的开关信号。因此，接近传感器通常也称为接近开关。

接近传感器有多种检测方式，包括利用电磁感应引起的检测对象的金属体中产生的涡电流的方式、捕捉接近检测对象引起的电信号变化的方式、利用磁石和引导开关的方式、利用光电效应和光电转换器件作为检测元件的方式等。YL-235A 型机电一体化实训装置中使用了磁感应式接近开关、电感式接近开关、漫反射式光电接近开关、光纤式光电接近开关等。下面简单介绍它们的基本工作原理和安装调试方法。

1. 磁感应式接近开关

磁感应式接近开关又称磁性开关，是气动系统最常用的检测位置的传感器。图 3-11 为安装在一个直线气缸上的两个磁性开关。

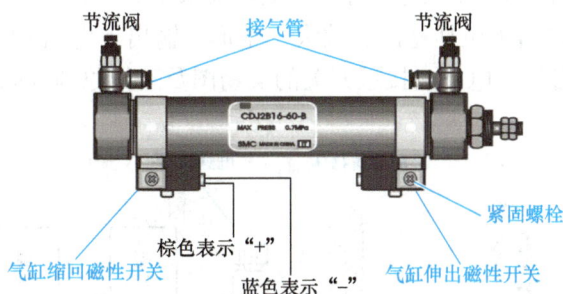

图 3-11　安装在直线气缸上的两个磁性开关

从图 3-11 可以看到，气缸两端分别有缩回限位和伸出限位两个极限位置，自动控制中往往需要这两个位置的信息，以便实现控制功能。获取信息的方法是在这两个极限位置都分别装有一个磁性开关。

当磁性物质接近传感器时，传感器便会动作，并输出电信号。若在气缸的活塞（或活塞杆）上安装磁性物质，在气缸缸筒外面的两端位置各安装一个磁性开关，就可以用这两个传感器分别标识气缸运动的两个极限位置。气缸的活塞杆运动到哪一端，哪一端的磁性开关就会动作并发出电信号。在 PLC 自动控制中，可以利用该信号判断推料及顶料气缸的运动状态或所处的位置，以确定工件是否被推出或气缸是否返回。磁性开关上设置有 LED 用于显示其信号状态，供调试时使用。磁性开关动作时，输出信号"1"，LED 亮；磁性开关不动作时，输出信号"0"，LED 不亮。磁性开关的安装位置可以调整，调整方法是松开它的紧固螺栓，让磁性开关顺着气缸滑动，到达指定位置后，再旋紧紧固螺栓。

磁性开关有蓝色和棕色两根引线，使用时蓝色引线应连接到 PLC 输入公共端，棕色引线应连接到 PLC 输入端。磁性开关的内部电路如图 3-12 中点划线框内所示，为了防止实训时错误接线损坏磁性开关，YL-235A 型机电一体化实训装置中所有磁性开关的棕色引线都串联了电阻。

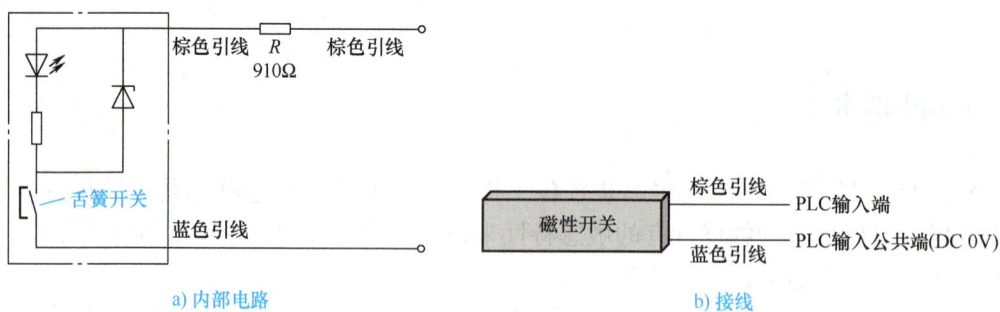

a) 内部电路   b) 接线

图 3-12　磁性开关内部电路及接线示意图

2. 电感式接近开关

电感式接近开关是利用电涡流效应制造的传感器。电涡流效应是指当金属物体处于一个交变的磁场中时，在金属内部会产生交变的电涡流，该涡流又会反作用于产生它的磁场的一种物理效应。如果这个交变的磁场是由一个电感线圈产生的，则这个电感线圈中的电流就会发生变化，用于平衡涡流产生的磁场。

利用电涡流效应，电感式接近开关以高频振荡器（LC 振荡器）中的电感线圈作为检测元件，当被测金属物体接近电感线圈时产生电涡流效应，引起振荡器振幅或频率的变化，由传感器的信号调理电路（包括检波、放大、整形、输出等电路）将该变化转换成开关量输出，从而达到检测目的。电感式接近开关的实物图及工作原理框图如图 3-13 所示。

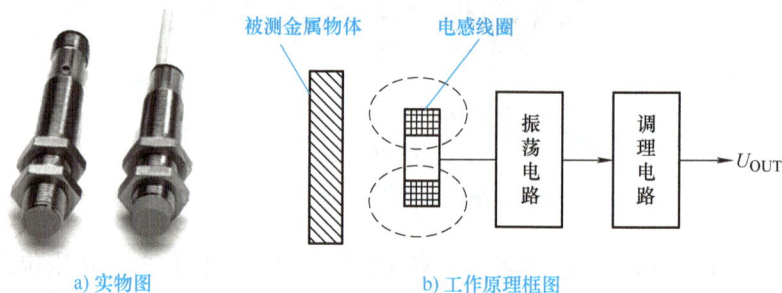

a) 实物图   b) 工作原理框图

图 3-13　电感式接近开关实物图及工作原理框图

在选用和安装接近开关时，必须认真考虑检测距离和设定距离，保证生产线上的传感器可靠动作。安装距离说明如图 3-14 所示。

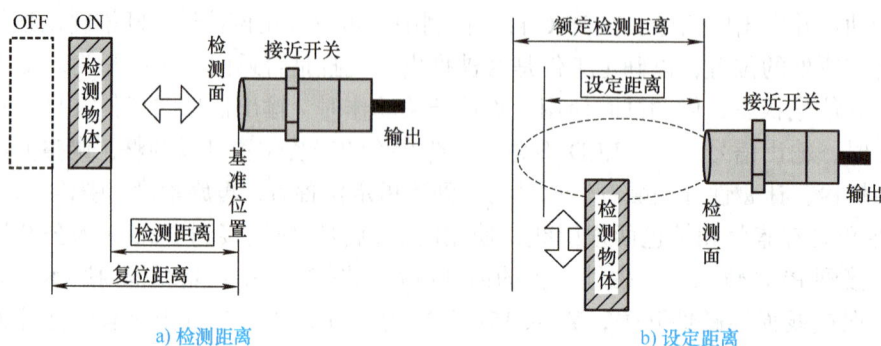

a) 检测距离   b) 设定距离

图 3-14　安装距离说明

3. 漫反射式光电接近开关

（1）光电式接近开关

光电传感器是利用光的各种性质，检测物体的有无、表面状态变化等的传感器。其中，输出形式是开关量的传感器为光电式接近开关。

光电式接近开关主要由光发射器和光接收器构成。如果光发射器发射的光线因检测物体不同而被遮掩或反射，到达光接收器的量将会发生变化。光接收器的敏感元件将检测出这种变化，并转换为电气信号进行输出。大多使用可视光（主要为红色，也用绿色、蓝色来判断颜色）和红外光。

按照光接收器接收光方式的不同，光电式接近开关可分为对射式、漫射式和反射式三种，如图3-15所示。

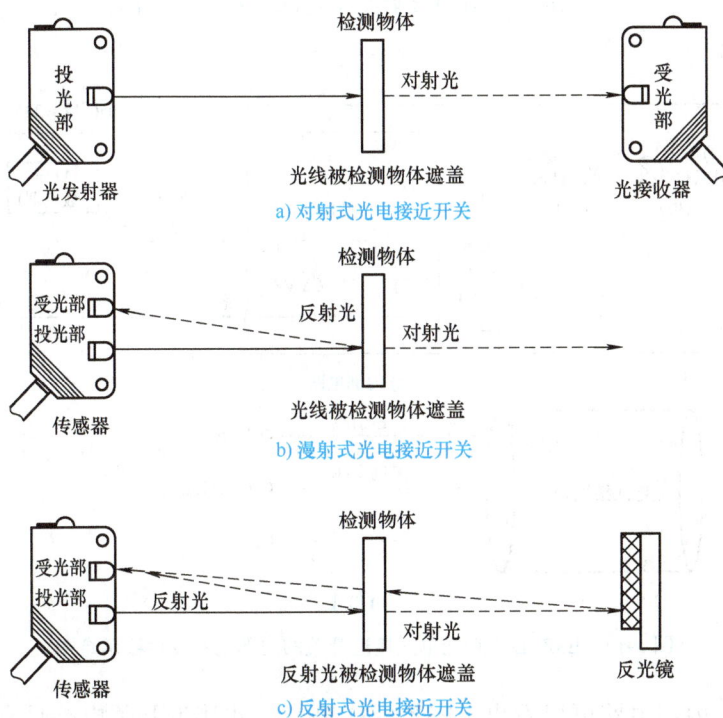

a) 对射式光电接近开关

b) 漫射式光电接近开关

c) 反射式光电接近开关

图3-15　光电式接近开关

（2）漫射式光电接近开关

漫射式光电接近开关是利用光照射到被测物体上后反射回来的光线而工作的，由于物体反射的光线为漫射光，故称为漫射式光电接近开关。它的光发射器与光接收器处于同一侧位置，且为一体化结构。在工作时，光发射器始终发射检测光，若接近开关前方一定距离内没有物体，则没有光被反射到接收器，接近开关处于常态而没有动作；反之，若接近开关的前方一定距离内出现检测物体，只要反射回来的光强度足够，则接收器接收到足够的漫射光就会使接近开关动作而改变输出的状态。

供料单元中，用来检测工件不足或工件有无的漫射式光电接近开关选用OMRON

公司的 E3Z–L61 型放大器内置型光电式接近开关（细小光束型，NPN 型晶体管集电极开路输出）。该光电式接近开关的外形和顶端面上的调节旋钮和显示灯如图 3-16 所示。图 3-17 为该光电式接近开关的内部电路原理框图。

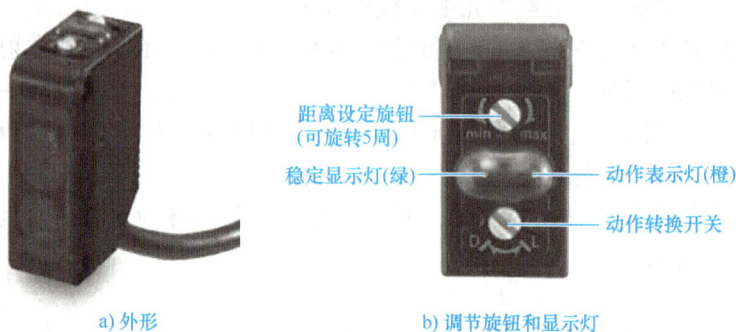

a) 外形　　　　　　　　　　　b) 调节旋钮和显示灯

图 3-16　E3Z–L61 型放大器内置型光电式接近开关

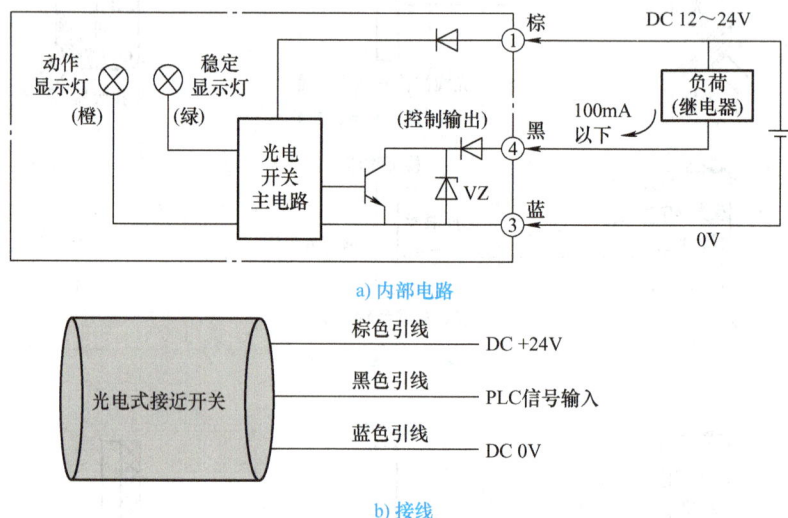

a) 内部电路

b) 接线

图 3-17　E3Z–L61 型光电式接近开关的内部电路及接线示意图

从图 3-17a 内部电路可以看出，E3Z–L61 型光电式接近开关电路具有极性保护，电路连接时如果极性接反，不会损坏器件，但光电式接近开关不能正常工作。因此，切勿把光电式接近开关的信号输出线直接连接到 +24V 电源端，这样会造成器件的损坏。

用来检测物料台上有无物料的光电式接近开关是一个圆柱形漫射式光电接近开关，工作时向上发出光线，从而透过小孔检测是否有工件存在。该光电式接近开关选用 OTS41 型，OTS41 型没有电源极性保护，使用时要小心。

4. 光纤式光电接近开关

光纤式光电接近开关也是一种光电式传感器，光纤式光电接近开关由光纤检测头、放大器两个分离的部分组成，光纤检测头的尾端部分分成两根光纤，使用时分别插入放大器的两个光纤孔。光纤式光电接近开关组件如图 3-18 所示。图 3-19 为放大器安装示意图。

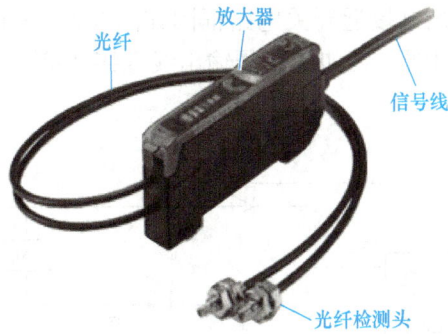

图 3-18　光纤式光电接近开关组件

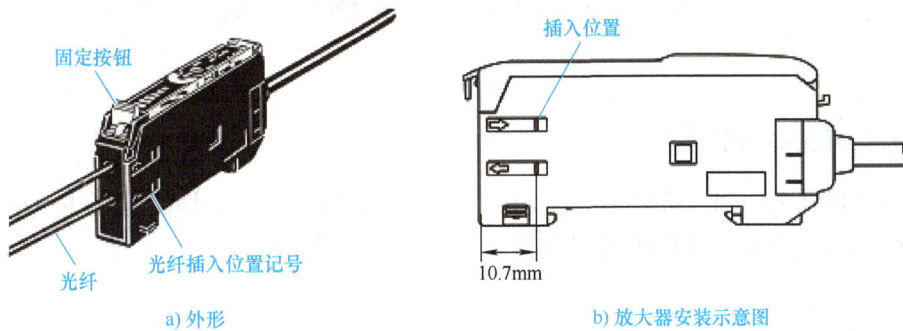

a) 外形　　　　　　　　　　　　b) 放大器安装示意图

图 3-19　光纤式光电接近开关组件外形及放大器安装示意图

　　光纤式光电接近开关具有抗电磁干扰、可工作于恶劣环境、传输距离远、使用寿命长等优点。此外，由于光纤头具有较小的体积，所以可以安装在很小的空间。

　　光纤式光电接近开关的放大器的灵敏度调节范围较大。当光纤式光电接近开关的灵敏度调得较小时，对于反射性较差的黑色物体，光电探测器无法接收到反射信号；而对于反射性较好的白色物体，光电探测器就可以接收到反射信号。反之，若调高光纤式光电接近开关的灵敏度，则即使对反射性较差的黑色物体，光电探测器也可以接收到反射信号。

　　图 3-20 为放大器单元的俯视图，调节其中部的 8 旋转灵敏度高速旋钮就能进行放大器灵敏度调节（顺时针旋转灵敏度增大）。调节时，可以观察到入光量显示灯发光的变化。当探测器检测到物料时，动作显示灯会亮，提示检测到物料。

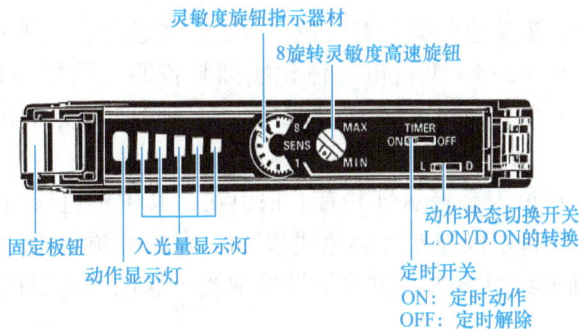

图 3-20　光纤式光电接近开关放大器单元的俯视图

E3Z–NA11 型光纤式光电接近开关电路框图如图 3-21 所示，接线时注意根据导线颜色判断电源极性和信号输出线，切勿把信号输出线直接连接到电源 +24V 端。

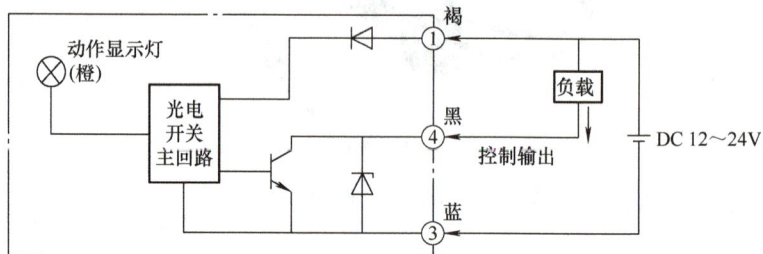

图 3-21　E3Z–NA11 型光纤式光电接近开关电路框图

5. 接近开关的图形符号

部分接近开关的图形符号如图 3-22 所示。其中图 3-22a ～ c 均使用 NPN 型晶体管集电极开路输出。如果使用 PNP 型晶体管，正负极性应反过来。

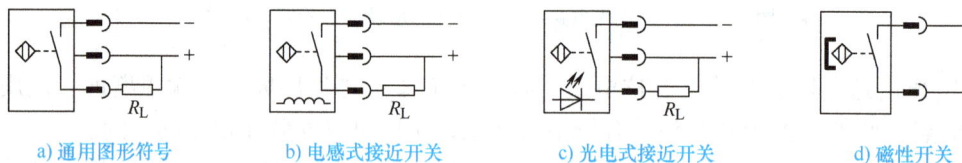

a) 通用图形符号　　　b) 电感式接近开关　　　c) 光电式接近开关　　　d) 磁性开关

图 3-22　部分接近开关的图形符号

6. 警示灯及其使用

为防止意外事故发生，需要在机电设备上设置各类标识，告知工作人员设备处于何种状态，以引起注意和重视，保证设备和人身安全。警示灯就是一种警示设备工作状态的标识。根据需要，YL–235A 型机电一体化实训装置上的警示灯可以显示电源正常、系统通电、设备正常运行、设备运行中某个元件出现故障、出现什么故障等。

警示灯有很多种，按颜色分类，有红色、绿色、黄色等；按警示灯发光的情况分类，有闪亮型和长亮型。YL–235A 型机电一体化实训装置的警示灯为 LTA–205 型红绿双色闪亮警示灯，工作电压为 DC 24V，功率为 2W。在不同训练项目中，可以约定不同的显示内容。

LTA–205 型红绿双色闪亮警示灯共有五根引线，其中黑色线与较粗的红色线为电源线，分别与电源的负极和正极连接（黑色线接 24V 直流电源负极，较粗的红色线接 24V 直流电源正极），较细的红色线为红色警示灯控制线，绿色线为绿色警示灯控制线，棕色线为两灯的公共线。

任务实施

步骤一： 接线流程。

1）从线架上取下黑色的连接线，将送料电动机蓝色接地线、信号灯上的蓝色接地线、电磁阀的绿色接地线在工作台的接线排上通过串联方式进行连接，引出输出控制电源接地线（按钮模块 0V）。

2）磁性开关的蓝色接地线以及三线制传感器的蓝色接地线在工作台的接线排上通过串联方式进行连接，引出输入控制电源接地线（按钮模块 0V）。

3）将信号灯的红色正电源线以及三线制传感器上的棕色电源线通过串联的方式连接，引出输入控制电源 24V 上。以上两组接线分别引出接地线连接到按钮模块的 24V 电源上，引出按钮模块上的 0V 电源线连接到 PLC 的 COM 端上。

4）接下来对按钮模块上需要使用的器件和 PLC 模块上的相关接线连接。将按钮模块上需要使用的启动按钮、停止按钮等控制元件的上端黑色端子通过串联的方式连接到按钮模块的 0V 上；电源指示灯、启动警示灯、停止警示灯、蜂鸣器等元器件的一端串连到按钮模块的 0V 上。

5）将两线制的棕色线、三线制的黑色线、启动按钮、停止按钮、急停开关等控制元件的下端绿色端子分别连接到 PLC 模块相对应的输入地址上。

6）将警示灯的红绿信号线、转盘电动机的红色线、电磁阀的红色线、启动警示灯、停止警示灯、蜂鸣器等元器件的一端分别连接到 PLC 模块相对应的输出地址上。

步骤二： 分配 PLC 输入输出点。

（1）确定输入点数

根据动作过程，所用检测传感器占用的输入点数为 18 个；启动、停止需要两个，共计 20 个输入点。

（2）根据工作过程和气动系统图，确定完成自动搬运分拣系统所需要的输出

1）送料电动机运行，需要一个输出。

2）机械手动作有：悬臂伸出、缩回，手臂上升、下降，手爪抓紧、松开，机械手左转、右转，共需要八个输出。

3）推料气缸动作，A 气缸、B 气缸、C 气缸动作，共需要三个输出。

4）带式输送机运行，根据技术要求，带式输送机由变频器控制，要求一种速度正转运行，所以变频器共需要两个控制端，占两个输出。

5）指示灯包括启动警示灯、停止警示灯，共需要两个输出。

由以上分析可知，完成自动搬运分拣系统共需要占用 PLC 16 个输出点数。

（3）列出 PLC 输入输出地址分配表

在 PLC 16 个输出地址中，除了控制变频器运行的两个点不是用 DC 24V 电源外，其余都用按钮模块上的 DC 24V 电源驱动，以三菱 FX_{3U}-48MR 型 PLC 为例，列出参考的 PLC 输入输出地址分配表。

根据地址分配情况设计设备的 PLC 接线图。

步骤三： 电气检查与调试。

（1）电气检查的具体步骤

1）首先各自检查有无短路或者断路现象，再检查输入、输出地址是否正确。

2）接通电源，检查按钮模块、PLC模块以及变频器模块电源是否正常。

3）观察检测到气缸位置的两线传感器是否有信号，检测三线传感器是否能正常工作，各个机械部位的传感器、磁性开关是否安装到位。

4）拿出三个不同的工件，根据任务要求调节用于物料分拣的三个传感器的位置和灵敏度满足分拣要求。

5）拨动变频器正反转手动开关，检查变频器工作是否正常，并观察安装好的带式输送机的同轴度，若电动机或者传送带上的推料气缸晃动，说明同轴度不好，需断电后进行调节。

（2）传感器检查

1）检查入料口的光电式接近开关能否检测到从入料口放下来的物料。

2）检查电感式接近开关能否检出所有从传送带上通过的金属物料；第一个光纤式光电接近开关能否检出所有从传送带上通过的金色或白色物料；第二个光纤式光电接近开关能否检出所有从传送带上通过的物料。

传感器的检测

3）检查各磁性开关能否在推料气缸动作到位时按要求准确发出信号。

对于工作不符合要求的传感器应及时进行位置和灵敏度调节或更换传感器，确保其符合设备检测的需要。

▶▶ 知识评测

1. 安装在机械手限止块上用于检测悬臂转动到位的传感器为_____，这个传感器的型号为_____。

2. 光电式接近开关是将_____转换成_____的检测器件。光电式接近开关一般由_____、_____和_____三部分构成。

3. 光电式接近开关在电路图中用图形符号_____表示。本次组装与调试的机电一体化设备中使用的漫射式光电接近开关的型号为_____，使用的反射式光电接近开关的型号为_____。

4. 在连接安装漫射式光电接近开关的电路时，该传感器的_____色导线与电源+24V连接，_____色导线与电源0V连接，_____色导线为信号输出线，与PLC的_____连接。

5. 光纤式光电接近开关由_____和_____组成。

6. 本次使用的光纤式光电接近开关的放大器如图3-23所示，图中1为_____，2为_____，3为_____，4为_____，5为_____，6为_____，7为_____。

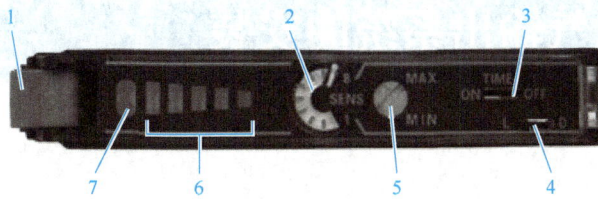

图 3-23 题 6 图

7. 本次安装在机电一体化设备中气动机械手手臂气缸使用的磁性开关型号为
_____，在电路图中，该磁性开关的图形符号是_____。

▷▷ 任务评价

学号：_____   成绩：_____

项目	项目配分	评分点	配分	扣分说明	得分	项目得分
输入电路连接	90	电路连接	30	不按电气原理图进行连接，每处扣 2 分		
		连接工艺	40	连接不牢、接线端子露铜超过 2mm、同一接线端子上连接导线超两根，每处扣 2 分		
		编号管	20	导线未套编号管，每处扣 1 分，套管不标号，每处扣 1 分		
职业与安全意识	10	安全	5	所有操作符合安全操作规程要求得 5 分，基本符合要求得 3 分，一般得 1 分（可一项否决）		
		规范	3	工具摆放、人员着装、包装物品、导线线头等处理符合职业岗位的要求得 3 分，有 2 处错误得 1 分，有 2 处以上错误得 0 分		
		纪律	2	遵守课堂纪律，爱护设备和元器件，保持工位整洁，做到得 2 分，未做到扣 2 分		
违规	扣分	违规		电路短路扣 5 分，设备部件松动使设备不能正常工作扣 1 分，有不符合职业规范的行为，视情节轻重扣 5～10 分		
总分						

任务3　电气输出系统的安装

▶▶ 任务目标

1. 素养目标

1）培养逻辑思维能力。
2）培养精益求精的工匠精神。
3）强化安全意识、规则意识和合作精神。

2. 技能目标

1）能够按照电气原理图正确安装电气输出系统的各个元件。
2）能够按照工艺标准安装电气输出系统。

3. 知识目标

1）能够说出电气输出系统各个元件的功能及原理。
2）能够说出电气输出系统的安装方法。

▶▶ 任务描述

按电气控制原理图（见图 3-10）中 PLC 输出端的要求，先将电源部分连接完毕，然后将料盘直流电动机、电磁阀电路、警示灯电路、变频器与 PLC 进行连接，最后将电路按照相关工艺要求进行整理，使装置输出电路能够正常工作。

▶▶ 知识链接

变频器是一种利用电力半导体器件的通断作用将工频电源的频率变换为另一频率的电能控制装置。在交流异步电动机的调速方法中，变频调速方法的性能最好。它的调速范围大、静态稳定性好、运行效率高。采用通用变频器对笼型异步电动机进行调速控制的优点是使用方便、可靠性高，所以在生活与生产中得到了广泛应用。

1. FR-E740 系列变频器的安装和接线

选用三菱 FR-E700 系列变频器中的 FR-E740-0.75K-CHT 型变频器，额定电压等级为三相 400V，适用于容量为 0.75kW 及以下的电动机。FR-E700 系列变频器的外观和型号定义如图 3-24 所示。

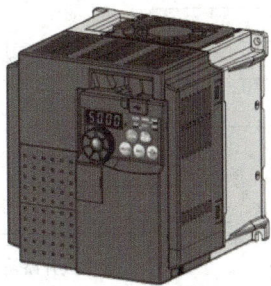

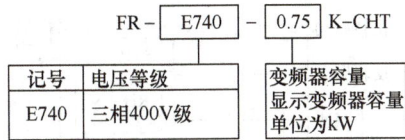

a) 外观   b) 型号定义

图 3-24   FR-E700 系列变频器的外观和型号定义

FR-E700 系列变频器是 FR-E500 系列变频器的升级产品，是一种小型、高性能变频器。在 YL-235A 型机电一体化实训装置上进行的实训，涉及通用变频器的基本知识和使用技能，着重于变频器的接线、常用参数的设置等方面。

FR-E740 系列变频器主电路的通用接线如图 3-25 所示。

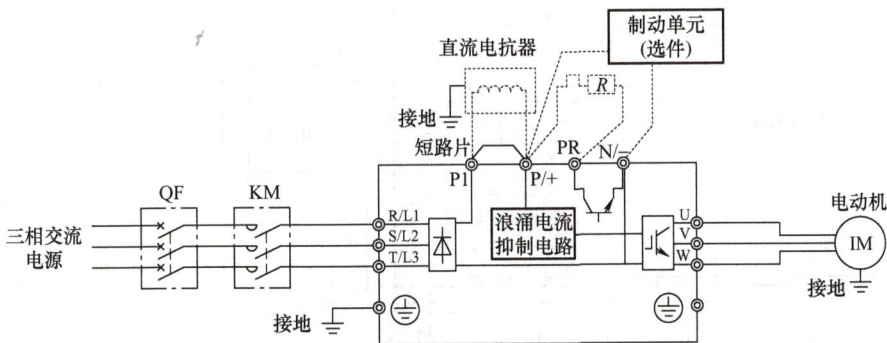

图 3-25   FR-E740 系列变频器主电路的通用接线

图 3-25 说明如下：

1）端子 P1、P/+ 之间用于连接直流电抗器，不需要连接时，两端子间短路。

2）P/+ 与 PR 之间用于连接制动电阻器，P/+ 与 N/- 之间用于连接制动单元（选件）。设备中均未使用，故用虚线画出。

3）交流接触器 KM 用于变频器安全保护，注意不要通过此交流接触器启动或停止变频器，否则可能缩短变频器寿命。

4）进行主电路接线时，应确保输入、输出端不能接错，即电源线必须连接至 R/L1、S/L2、T/L3，绝对不能接 U、V、W，否则会损坏变频器。

FR-E740 系列变频器控制电路的接线如图 3-26 所示。

图 3-26 中，控制电路端子分为控制输入信号（电压输入不可）、频率设定信号（模拟）、继电器输出（异常输出）、集电极开路输出（状态检测）和模拟电压输出五部分区域，各端子的功能可通过调整相关参数的值进行变更。在出厂初始值的情况下，控制电路各端子的功能说明见表 3-1 和表 3-2。

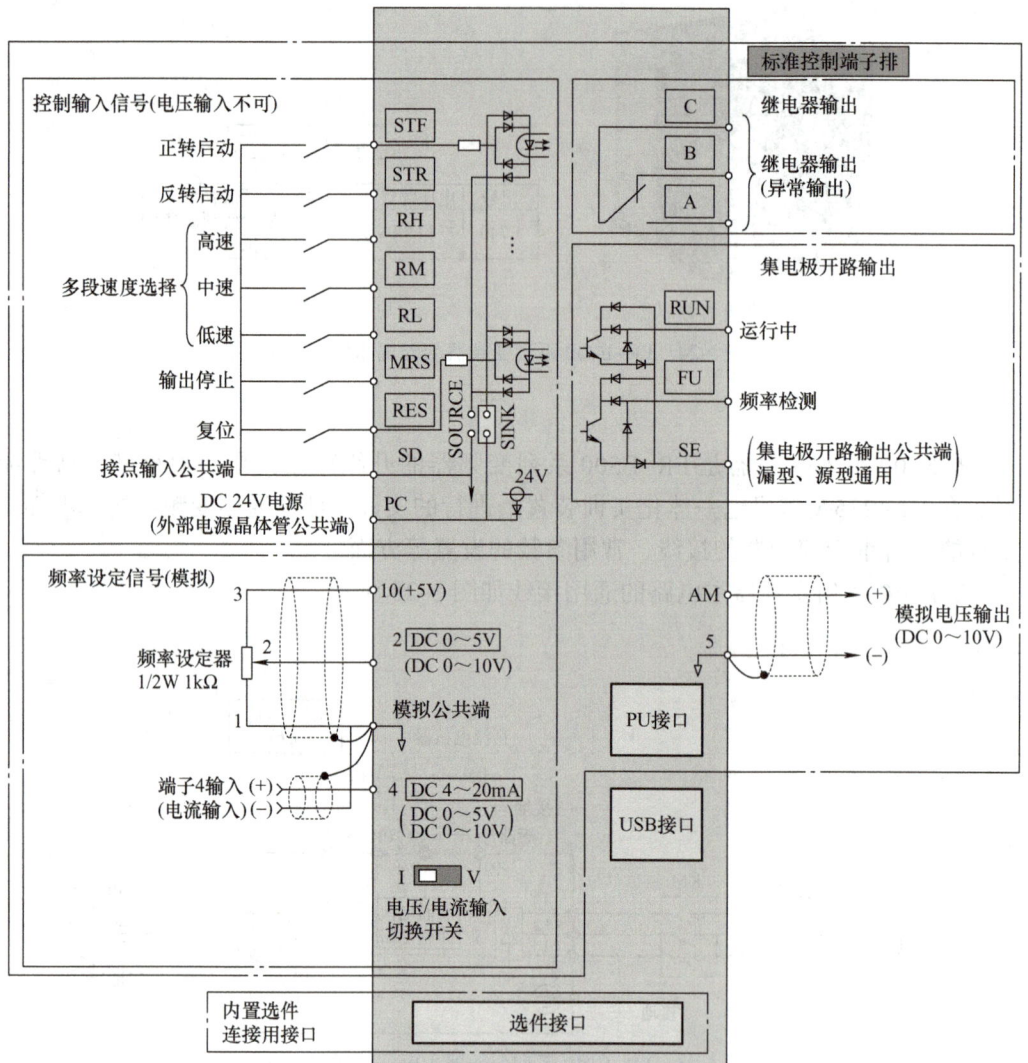

图 3-26 FR-E740 系列变频器控制电路接线图

表 3-1 控制电路输入端子的功能说明

种类	端子编号	端子名称	端子功能说明	
接点输入	STF	正转启动	STF 信号为 ON 时是正转、为 OFF 时是停止	STF、STR 信号同时为 ON 时变成停止指令
	STR	反转启动	STR 信号为 ON 时是反转、为 OFF 时是停止	
	RH RM RL	多段速度选择	用 RH、RM 和 RL 信号组合，可以选择多段速度	

（续）

种类	端子编号	端子名称	端子功能说明
接点输入	MRS	输出停止	MRS 信号为 ON（20ms 或以上）时，变频器输出停止，用电磁制动器停止电动机时用于断开变频器的输出
	RES	复位	用于解除保护电路动作时的报警输出。使 RES 信号处于 ON 状态 0.1s 或以上，然后断开 初始设定为始终可进行复位。但进行了 Pr.75 设定后，仅在变频器报警发生时可进行复位，复位时间约为 1s
	SD	接点输入公共端（漏型）（初始设定）	接点输入端子（漏型逻辑）的公共端子
		外部电源晶体管公共端（源型）	源型逻辑时，当连接晶体管输出（即集电极开路输出），如 PLC 时，将晶体管输出用的外部电源公共端接到该端子，可以防止因漏电引起的误动作
		DC 24V 电源公共端	DC 24V、0.1A 电源（端子 PC）的公共输出端子，与端子 5 及端子 SE 绝缘
	PC	外部电源晶体管公共端（漏型）（初始设定）	漏型逻辑时，当连接晶体管输出（即集电极开路输出），如 PLC 时，将晶体管输出用的外部电源公共端接到该端子，可以防止因漏电引起的误动作
		接点输入公共端（源型）	接点输入端子（源型逻辑）的公共端子
		DC 24V 电源	可作为 DC 24V、0.1A 的电源使用
频率设定	10	频率设定用电源	作为外接频率设定（速度设定）用电位器时的电源使用（按照 Pr.73 模拟量输入选择）
	2	频率设定（电压）	若输入 DC 0 ~ 5V（或 0 ~ 10V），在 5V（10V）时为最大输出频率，则输入与输出成正比。通过 Pr.73 进行 DC 0 ~ 5V（初始设定）和 DC 0 ~ 10V 输入的切换操作
	4	频率设定（电流）	若输入 DC 4 ~ 20mA，在 20mA 时为最大输出频率，则输入与输出成正比。只有 AU 信号为 ON 时，端子 4 输入信号才会有效（端子 2 输入将无效）。通过 Pr.267 进行 4 ~ 20mA（初始设定）和 DC 0 ~ 5V、DC 0 ~ 10V 输入的切换操作，当电压输入（0 ~ 5V/0 ~ 10V）时，应将电压 / 电流输入切换开关切换至"V"
	5	频率设定公共端	频率设定信号（端子 2 或 4）及端子 AM 的公共端子，切勿接大地

表 3-2　控制电路输出端子的功能说明

种类	端子编号	端子名称	端子功能说明	
继电器	A、B、C	继电器输出（异常输出）	指示变频器因保护功能动作时输出停止的 C 接点输出。异常时，B-C 间不导通（A-C 间导通）；正常时，B-C 导通（A-C 间不导通）	
集电极开路	RUN	变频器正在运行	变频器输出频率大于或等于起动频率（初始值 0.5Hz）时为低电平，已停止或正在直流制动时为高电平	
	FU	频率检测	输出频率大于或等于任意设定的检测频率时为低电平，未达到时为高电平	
	SE	集电极开路输出公共端	端子 RUN、FU 的公共端子	
模拟	AM	模拟电压输出	可以从多种监视项目中选一种作为输出。变频器复位中不被输出。输出信号与监视项目的大小成比例	输出项目：输出频率（初始设定）

2. 变频器操作面板的操作训练

（1）FR-E700 系列变频器的操作面板

使用变频器前，首先要熟悉它的面板显示和键盘操作单元（或称控制单元），并按使用现场的要求合理设置参数。FR-E700 系列变频器的参数设置，通常利用固定在其上面的操作面板（不能拆下）实现，也可以使用连接到变频器 PU 接口的参数单元（FR-PU07）实现。使用操作面板可以进行运行方式的设定、频率的设定、运行指令监视、参数设定、错误表示等。FR-E700 系列变频器的操作面板如图 3-27 所示，其上半部为面板显示器，下半部为 M 旋钮和各种按键，具体功能分别见表 3-3 和表 3-4。

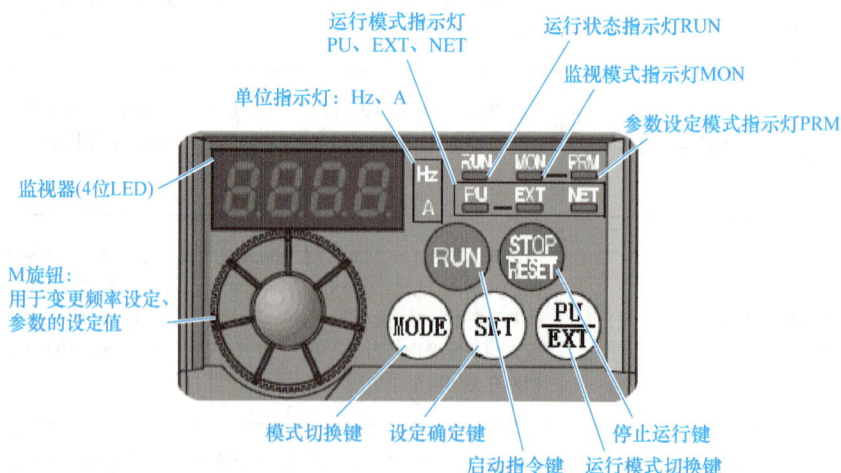

图 3-27　FR-E700 系列变频器的操作面板

表 3-3　M 旋钮、按键的功能

M 旋钮和按键	功能
M 旋钮（三菱变频器旋钮）	旋动该旋钮用于变更频率设定、参数的设定值。按下该旋钮可显示以下内容： 1）监视模式时的设定频率 2）校正时的当前设定值 3）报警历史模式时的顺序
模式切换键 MODE	用于切换各设定模式。与运行模式切换键同时按下也可以用来切换运行模式，长按此键（2s）可以锁定操作
设定确定键 SET	各设定的确定。此外，运行中按此键则监视器显示以下内容： 运行频率 → 输出电流 → 输出电压
运行模式切换键 PU/EXT	用于切换 PU ／外部运行模式。使用外部运行模式（通过另接的频率设定电位器和启动信号启动的运行模式）时按此键，使表示运行模式的 EXT 处于亮灯状态；切换至组合模式时，可同时按 MODE 键 0.5s，或者变更参数 Pr.79
启动指令键 RUN	在 PU 模式下，按此键启动运行。通过 Pr.40 的设定，可以选择旋转方向
停止运行键 STOP/RESET	在 PU 模式下，按此键停止运转。保护功能（严重故障）生效时，也可以进行报警复位

表 3-4　运行状态显示

显示	功能
运行模式指示灯	PU：PU 运行模式时亮灯 EXT：外部运行模式时亮灯 NET：网络运行模式时亮灯
监视器（4 位 LED）	显示频率、参数编号等
监视数据单位显示	Hz：显示频率时亮灯 A：显示电流时亮灯 （显示电压时熄灯，显示设定频率监视时闪烁）
运行状态指示灯 RUN	若变频器动作中亮灯或者闪烁，表示以下内容： 亮灯：正转运行中 缓慢闪烁（1.4s 循环）：反转运行中 下列情况下将出现快速闪烁（0.2s 循环）： 1）按键或输入启动指令都无法运行时 2）有启动指令，但频率指令在启动频率以下时 3）输入了 MRS 信号时
参数设定模式指示灯 PRM	参数设定模式时亮灯
监视模式指示灯 MON	监视模式时亮灯

（2）变频器的运行模式

由表3-3和表3-4可见，在变频器不同的运行模式下，各种按键、M旋钮的功能各异。所谓运行模式是指对输入变频器的启动指令和设定频率的命令来源的指定。

一般来说，使用控制电路端子、在外部设置电位器和开关进行操作的是外部运行模式，使用操作面板或参数单元输入启动指令、设定频率的是PU运行模式，通过PU接口进行RS-485通信或使用通信选件的是网络运行模式。在操作变频器之前，必须了解其各种运行模式，才能进行各项操作。

FR-E700系列变频器通过参数Pr.79值来指定变频器的运行模式，设定值范围为0、1、2、3、4、6、7。这七种运行模式的内容以及相关LED指示灯的状态见表3-5。

表3-5 运行模式选择（Pr.79）

设定值	内容		LED显示状态（■：灭灯 □：亮灯）
0	外部/PU运行模式切换，通过 PU/EXT 键可切换PU与外部运行模式 **注意**：接通电源时为外部运行模式		外部运行模式：EXT PU运行模式：PU
1	固定为PU运行模式		PU
2	固定为外部运行模式，可以在外部与网络运行模式间切换运行		外部运行模式：EXT 网络运行模式：NET
3	外部/PU运行组合模式1 频率指令：用操作面板设定或用参数单元设定，再或者用外部信号输入（多段速设定，端子4、5间，AU信号ON时有效）	启动指令：外部信号输入（端子STF、STR）	PU EXT
4	外部/PU运行组合模式2 频率指令：外部信号输入（端子2、4、JOG、多段速选择等）	启动指令：通过操作面板的RUN键或通过参数单元的FWD、REV键输入	
6	切换模式，可以在保持运行状态的同时，进行PU运行、外部运行、网络运行模式的切换		PU运行模式：PU 外部运行模式：EXT 网络运行模式：NET
7	外部运行模式（PU运行互锁），当X12信号为ON时，可切换到PU运行模式（外部运行中输出停止）；当X12信号为OFF时，禁止切换到PU运行模式		PU运行模式：PU 外部运行模式：EXT

变频器出厂时，参数 Pr.79 设定值为 0。停止运行时，用户可以根据实际需要修改其设定值。

修改 Pr.79 设定值的一种方法是按 MODE 键使变频器进入参数设定模式。旋转 M 旋钮，选择参数 Pr.79，按 SET 键确定；然后再旋转 M 旋钮选择合适的设定值，按 SET 键确定；按两次 MODE 键后，变频器的运行模式将变更为设定的模式。

图 3-28 为变频器运行模式变更示例，该示例将变频器从固定外部运行模式变更为组合模式 1 的运行模式。

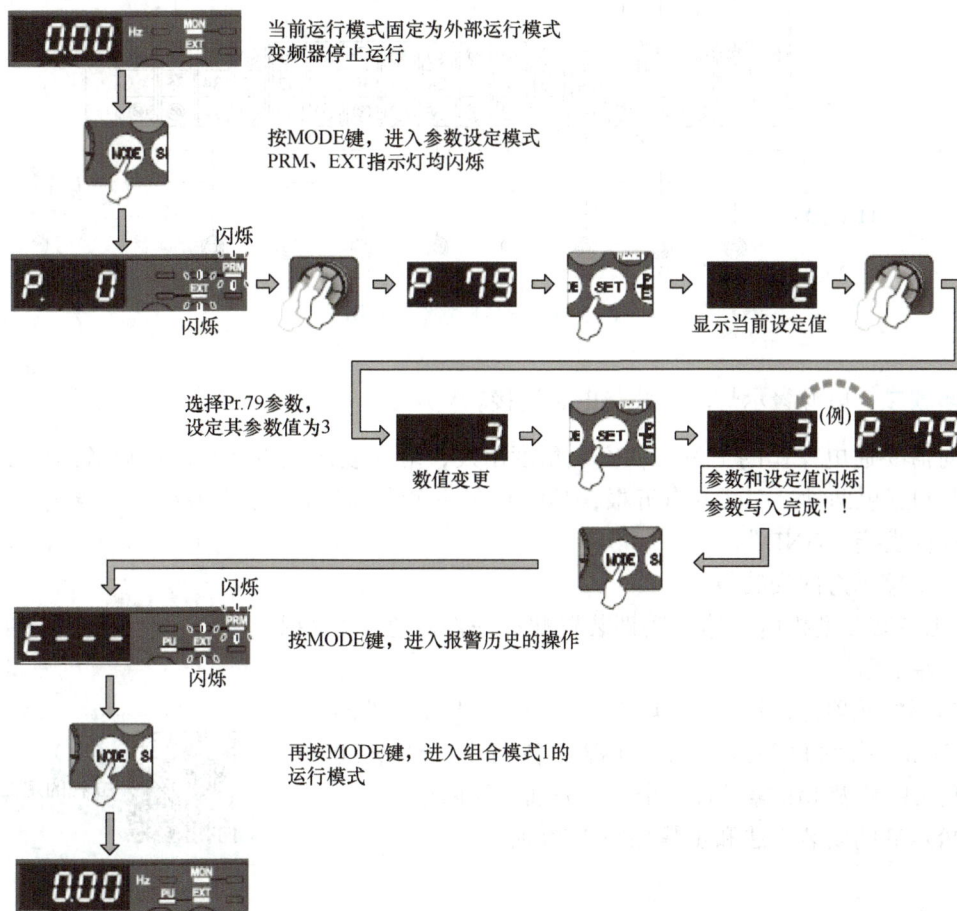

图 3-28　变频器运行模式变更示例

≫ 任务实施

步骤一： 电磁阀线圈与 PLC 的连接。

电磁阀线圈电源线连接至安装平台接线端子排中，与 PLC 输出端相应的接线端子连接，如图 3-29 所示。接线时，用短插接线将电磁阀线圈的"一"端（21、23、25、27、29、31、33、35）连接，并将端子 21 与指示灯、按钮与开关模块上的 DC 24V 电源的 +24V 端子连接；再用长插接线按图 3-29 将端子 20、22、24、26、28、30、32、34 分别与 PLC 模块上的输出端子 Y0 ～ Y7 连接。

安装平台上的
接线端子排

| 20 | 21 | 22 | 23 | 24 | 25 | 26 | 27 | 28 | 29 | 30 | 31 | 32 | 33 | 34 | 35 |

PLC模块

Y0 Y1 Y2 Y3 Y4 Y5 Y6 Y7

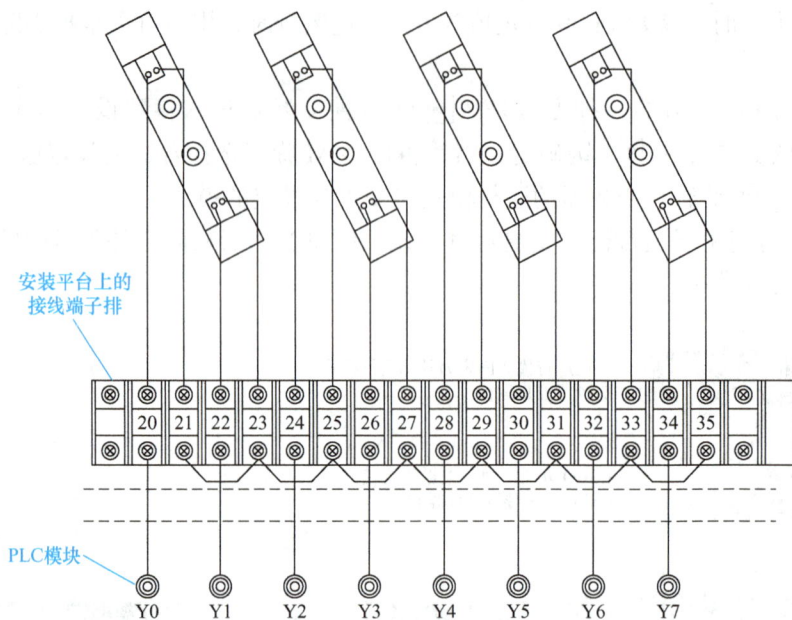

图 3-29 电磁阀接线示意图

步骤二：电源警示灯的安装与电路连接。

对需要通电操作的工位，从安全角度出发，应安装送电警示灯。该设备的警示灯共有绿色和红色两种，引线共有五根，其中并在一起的两根粗线是电源线，红线接"+24"，黑红双色线接"GND"。

（1）警示灯的安装

YL-235A 型机电一体化实训装置配有一盏双色（红 / 绿）警示灯，一般安装在安装平台的左上角。

需要的元器件包括：警示灯支架一个，L 形连接件两个，M4×30mm 内六角头螺栓及 M4 螺母各两个，M6×30mm 内六角头螺栓及 M6 螺母各一个，电源插接线两根。

警示灯的安装方法和步骤如图 3-30 所示。

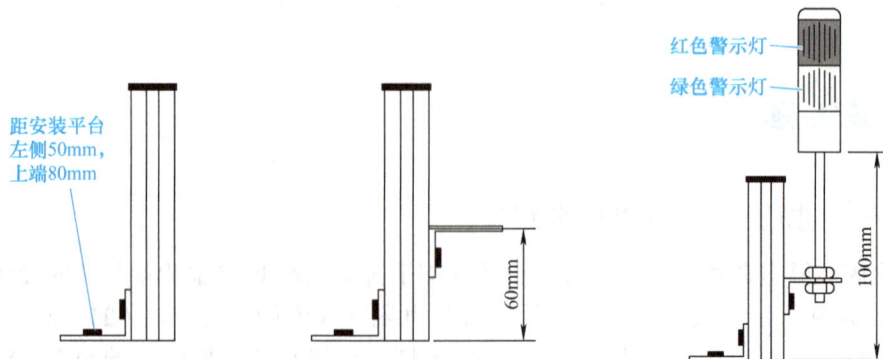

立柱的定位

距安装平台
左侧50mm，
上端80mm

红色警示灯
绿色警示灯

60mm

100mm

图 3-30 警示灯安装图

1）将警示灯支架安装在安装平台上。

将固定 L 形连接件的螺母放入安装平台的窄槽中，用钢直尺测量 L 形连接件到安装平台边的距离，符合尺寸要求时，用内六角头螺栓将 L 形连接件固定在安装平台上。揭开警示灯支架的塑料封盖，在支架的窄槽中放入固定螺钉，用内六角头螺栓将 L 形连接件与警示灯支架连接在一起。警示灯支架安装完毕。

2）将安装警示灯的 L 形连接件固定在支架上。

在支架另一侧窄槽中放入固定螺母，调节安装警示灯的 L 形连接件高度为 100mm 时，用内六角头螺栓将安装警示灯的 L 形连接件固定在支架上。固定好安装警示灯的 L 形连接件后，盖好警示灯支架的塑料封盖。

3）将警示灯安装在支架上。

将警示灯灯杆插入安装警示灯的 L 形连接件的插孔中，用固定螺母将警示灯固定。

（2）警示灯的电路连接

警示灯红、绿两灯同时亮表示安装平台电源接通且正常。将红色线、绿色线与棕色线相接，再将棕色线和黑色线接电源。若要红灯与绿灯分别控制，则红色线与绿色线都通过控制触点接棕色线，再将棕色线和黑色线接电源。

步骤三：直流电动机的接线与检测。

安装前，应对直流电动机进行检查。先用手旋动直流电动机的减速器输出轴检查有无卡阻或噪声现象，然后可用万用表低阻值挡测量直流电动机的两根引线，排除断线故障。

按如图 3-31 所示供料系统电气原理图完成电路连接。要求如下：

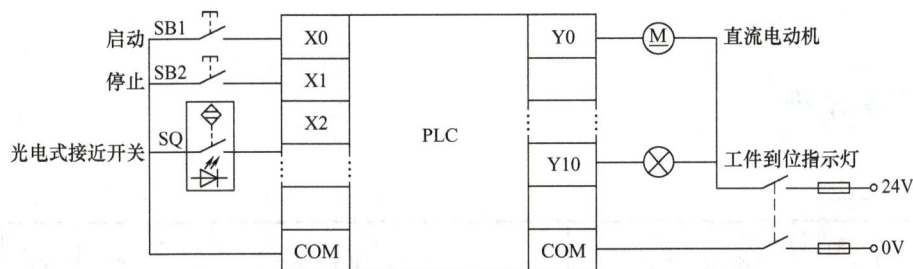

图 3-31　供料系统电气原理图

1）将光电式接近开关的引线接入接线排。

2）将直流电动机的引线接入接线排。

3）将引线放入线槽中，外露的引线按工艺规范要求走线与捆扎。

知识评测

1. YL-235A 型机电一体化实训装置采用_____制电源供电，除三根电源相线外，还有一根_____和一根_____。

2. 三相五线制标准导线颜色为：U 相导线为_____，V 相导线为_____，W 相导线为_____，中性线 N 导线为_____，保护线 PE 导线为_____。

3.本次调试的机电一体化设备，供电电源为三相交流电源，电源的额定线电压为_____，额定频率为_____。该电源相线与中性线之间的电压称为_____，其有效值为_____，频率为_____。

4.YL-235A 型机电一体化实训装置中的电源开关为_____，其型号为_____，该开关具有_____保护功能和_____保护功能。

5.YL-235A 型机电一体化实训装置使用的直流电动机为永磁式直流电动机，该电动机的额定工作电压为_____。

6.YL-235A 型机电一体化实训装置使用的变频器型号为_____。该变频器将频率为_____Hz 的三相交流电源变为频率为_____Hz 的三相交流电源。

7.YL-235A 型机电一体化实训装置使用的变频器的额定输出功率为_____kW，额定输出电流为_____A，输出的频率范围为_____～_____Hz。

8.本次安装调试时，三相交流电源连接在变频器的_____、_____、_____端子上，三相交流异步电动机连接在变频器的_____、_____、_____端子上。

9.当变频器的参数 Pr.79 设定值为_____（外部操作模式）时，就可以用 PLC 的输出信号去控制变频器的启动/停止、正反转、改变运行频率等。

10.按 MODE 键可以改变显示模式或状态，每按一次 MODE 键，可顺序显示监视、_____、_____、_____以及帮助五种模式。

11.当变频器为 PU 运行模式时，运行模式指示灯_____亮；当变频器为外部运行模式时，运行模式指示灯_____亮；当变频器为网络运行模式时，运行模式指示灯_____亮。

>> 任务评价

学号：_____　　　　　　　　　　成绩：_____

项目	项目配分	评分点	配分	扣分说明	得分	项目得分
输出电路连接	40	电路连接	20	不按电气原理图进行连接，每处扣2分		
		连接工艺	10	连接不牢、端子导线露铜超过2mm、同一接线端子上连接导线超两根，每处扣1分		
		编号管	10	导线未套编号管，每处扣1分，套管不标号，每处扣1分		
变频器参数设置	50	恢复出厂设置	10	不能按照要求按时完成操作，扣10分		
		内外部运行模式切换	10	不能按照要求按时完成操作，扣10分		
		设置参数	30	根据任务要求能够正确设置变频器参数，每错一个扣5分		

（续）

项目	项目 配分	评分点	配分	扣分说明	得分	项目 得分
职业与 安全意识	10	安全	5	所有操作符合安全操作规程要求得 5 分，基本符合要求得 3 分，一般得 1 分（可一项否决）		
		规范	3	工具摆放、人员着装、包装物品、导线线头等的处理符合职业岗位的要求得 3 分，有 2 处错误得 1 分，有 2 处以上错误得 0 分		
		纪律	2	遵守课堂纪律，爱护设备和元器件，保持工位整洁，做到得 2 分，未做到扣 2 分		
违规	扣分	违规		电路短路扣 5 分，设备部件松动使设备不能正常工作扣 1 分，有不符合职业规范的行为，视情节轻重扣 5～10 分		
总分						

项目 4

机电一体化装置的调试与检修

任务 1　物料抓取动作的编程与调试

≫ 任务目标

1. 素养目标

1）培养探寻事物之间逻辑关系的意识。
2）培养关注细节的习惯，培养精益求精的工匠精神。
3）培养创新意识，增强科学探索精神。

2. 技能目标

1）能够按照任务要求编制 PLC 程序，并调试程序使其符合任务要求。
2）能够按照任务要求绘制触摸屏界面并与 PLC 进行通信，完成任务要求。

3. 知识目标

1）能够准确描述 PLC 的编程逻辑。
2）能够准确描述 PLC 指令的功能用法。

≫ 任务描述

1）编写 PLC 程序，PLC 控制机械手完成以下动作：

机械手的初始状态为手爪松开，提升气缸上升，伸缩气缸缩回，旋转气缸右转。按下启动按钮，送料盘旋转，将物料送到接料平台后停止，在接料平台的物料检测传感器检测有料的情况下，机械手左转，然后伸缩气缸伸出，提升气缸下降，暂停 0.2s 后手爪抓紧工件，然后提升气缸上升，伸缩气缸缩回，旋转气缸右转，伸缩气缸伸出，提升气缸下降，再暂停 0.2s 后，手爪松开把工件放入传送分拣机构的入料口内，机械手返回初始状态，此时一个周期结束，下个周期继续执行。任何时候按下停止按钮，必须是一个周期结束后才能停止并返回到初始状态。

2）编写触摸屏程序。

YL-235A 型机电一体化实训装置触摸屏由两部分组成，即欢迎画面和主画面，如图 4-1 和图 4-2 所示。

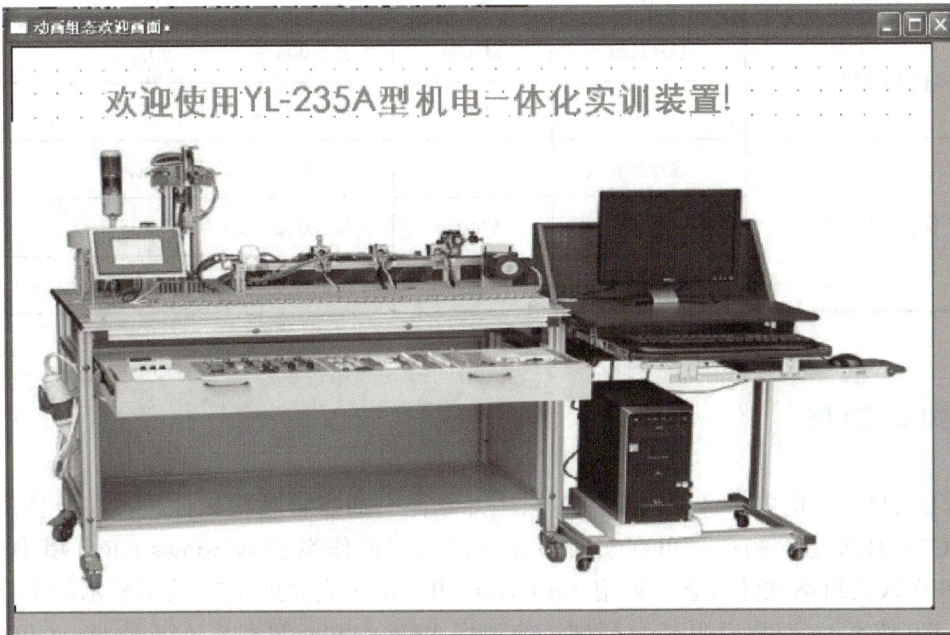

图 4-1　欢迎画面

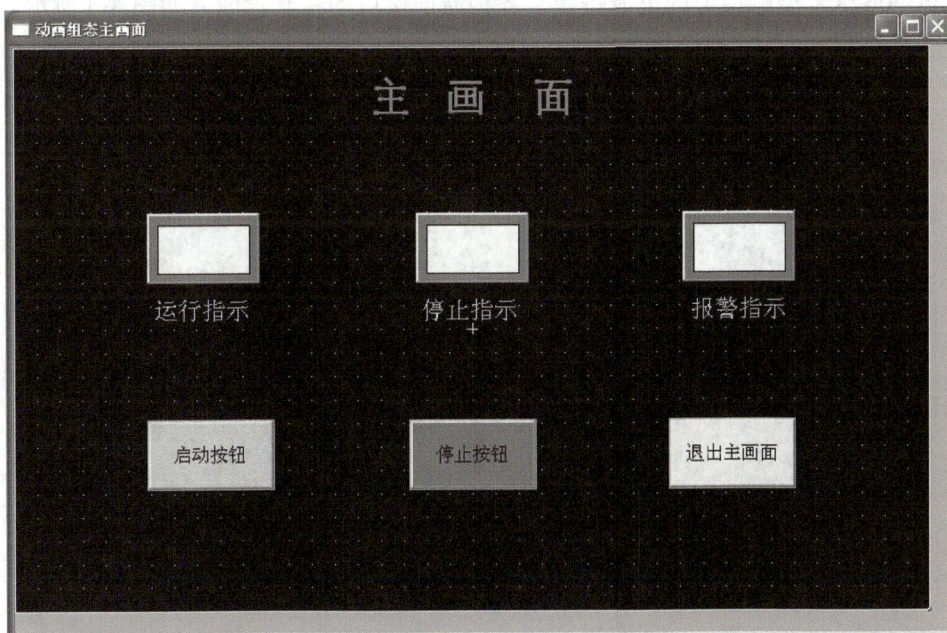

图 4-2　主画面

触摸屏组态画面各元件对应的 PLC 地址见表 4-1。

表 4-1　触摸屏组态画面各元件对应的 PLC 地址

元件类别	名称	地址	备注
位状态开关	启动按钮	M0000	按下该按钮启动系统动作
	停止按钮	M0001	按下该按钮系统动作立即停止
位状态指示灯	运行指示	Y0021	指示灯亮，表示系统在运行中
	停止指示	Y0022	指示灯亮，表示系统停止运行
	报警指示	Y0015	指示灯亮，表示系统有故障

▶▶ 知识链接

YL–235A 型机电一体化实训装置采用北京昆仑通态自动化软件科技有限公司研发的 TPC7062KX 型触摸屏，可在实时多任务嵌入式操作系统 Windows CE 环境中运行，MCGS 嵌入式组态软件组态，采用 7in（1in=0.0254m）高亮度 TFT 液晶显示屏（分辨率 800×480 像素），四线电阻式触摸屏（分辨率 4096×4096 像素），64K 彩色，CPU 主板以 ARM 结构嵌入式低功耗 CPU 为核心，主频 400MHz，64MB 存储空间。

1. TPC7062KX 型触摸屏的硬件连接

TPC7062KX 型触摸屏的电源进线、各种通信接口均在其背面，如图 4-3 所示。

图 4-3　TPC7062KX 型触摸屏的接口

其中，USB1 口用于连接鼠标和 U 盘等，USB2 口用于工程项目下载，COM 口用于连接 PLC，DC 24V 用于给触摸屏供直流 24V 电源。

连接计算机向触摸屏下载组态程序的 MCGS 下载线、MCGS 与 PLC 的通信线，如图 4-4 所示。

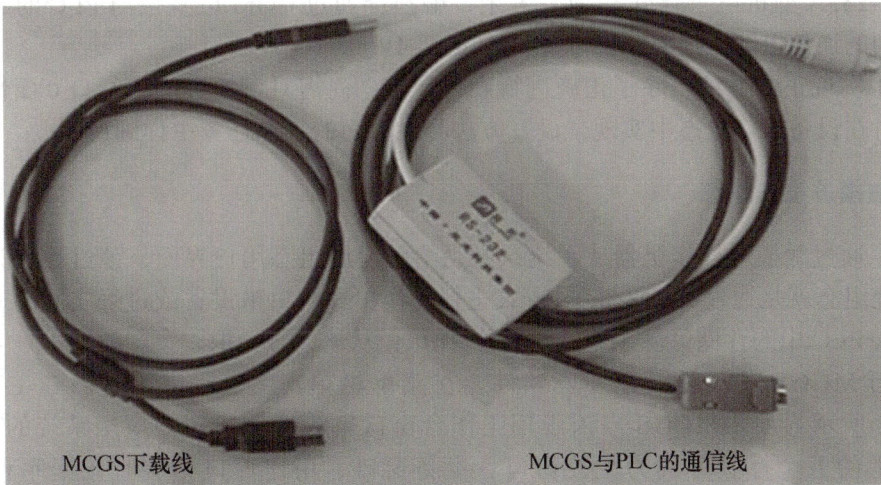

图 4-4　MCGS 下载线、MCGS 与 PLC 的通信线

2. TPC7062KX 型触摸屏与个人计算机的连接

YL–235A 型机电一体化实训装置中，TPC7062KX 型触摸屏通过 USB 口与个人计算机连接，连接前个人计算机应先安装 MCGS 组态软件。

当需要在 MCGS 组态软件上把资料下载到触摸屏时，在菜单栏单击"工具"→"下载配置"里，选择"连机运行"，单击"工程下载"即可进行下载，如图 4-5 所示。如果工程项目要在计算机模拟测试，则选择"模拟运行"，然后单击"工程下载"。

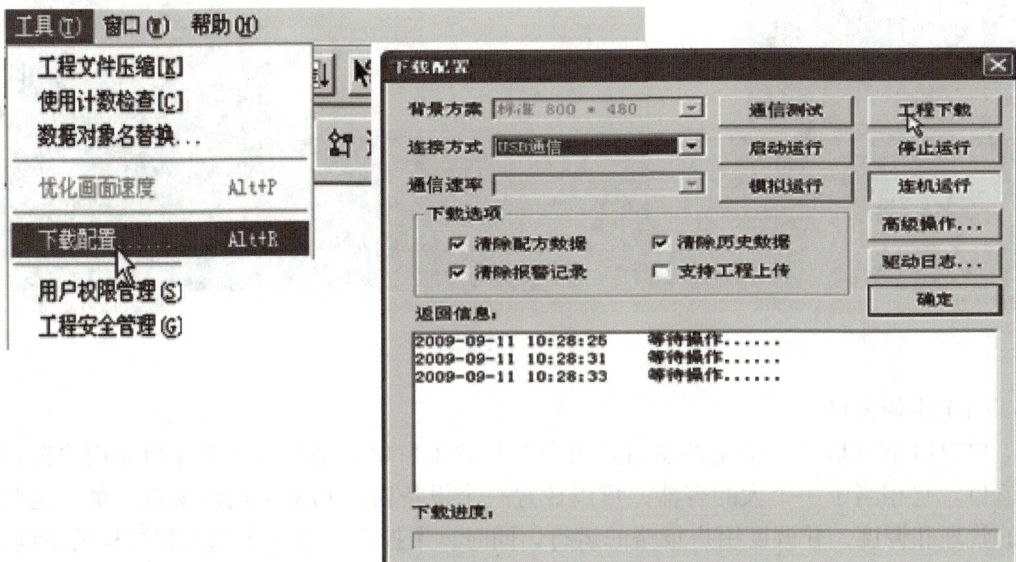

图 4-5　工程下载界面

3. TPC7062KX 型触摸屏与 PLC 的连接

YL–235A 型机电一体化实训装置中，触摸屏通过 COM 口直接与 PLC 的编程口连接，所用的通信电缆采用 RS422 电缆（RS485–4W）。

为了实现正常通信，除了正确进行硬件连接，尚需对触摸屏的串行口 0 属性进行设置，这将在设备窗口组态中实现，设置方法将在后面的工作任务中详细说明。

4. 触摸屏设备组态

为了通过触摸屏操作机器或系统，必须给触摸屏组态用户界面，该过程称为组态阶段。系统组态就是通过 PLC 以变量方式进行操作单元与机械设备或过程之间的通信，变量值写入 PLC 中的存储区域（地址），由操作单元从该区域读取。

运行 MCGS 嵌入版组态环境软件，在菜单栏单击"文件"→"新建工程"，弹出图 4-6 所示界面。MCGS 嵌入版用工作台窗口来管理构成用户应用系统的五部分，工作台上的五个标签分别为主控窗口、设备窗口、用户窗口、实时数据库和运行策略，对应于五个不同的窗口界面，每一个界面负责管理用户应用系统的一个部分，用鼠标单击不同的标签可选取不同的窗口界面，并对应用系统的相应部分进行组态操作。

图 4-6　工作台窗口

（1）主控窗口

MCGS 嵌入版系统的主控窗口是组态工程的主窗口，是所有设备窗口和用户窗口的父窗口。它相当于一个大的容器，可以放置一个设备窗口和多个用户窗口，负责这些窗口的管理和调度，并调度用户策略的运行。同时，主控窗口又是组态工程结构的主框架，可在主控窗口内设置系统运行流程及特征参数，方便用户的操作。

（2）设备窗口

设备窗口是 MCGS 嵌入版系统与作为测控对象的外部设备建立联系的后台作业环境，负责驱动外部设备，控制外部设备的工作状态。系统通过设备与数据之间的通道，把外部设备的运行数据采集进来，送入实时数据库，供系统其他部分调用，并且把实时数据库中的数据输出到外部设备，实现对外部设备的操作与控制。

（3）用户窗口

用户窗口本身是一个"容器"，用来放置各种图形对象（图元、图符和动画构件），不同的图形对象对应不同的功能。通过对用户窗口内多个图形对象的组态，生成漂亮的图形界面，为实现动画显示效果做准备。

（4）实时数据库

在 MCGS 嵌入版系统中，用数据对象来描述系统中的实时数据，用对象变量代替传统意义上的值变量，把数据库技术管理的所有数据对象的集合称为实时数据库。

实时数据库是 MCGS 嵌入版系统的核心，是应用系统的数据处理中心。系统各个部分均以实时数据库为公用区交换数据，实现各个部分协调动作。

设备窗口通过设备构件驱动外部设备，将采集的数据送入实时数据库；由用户窗口组成的图形对象，与实时数据库中的数据对象建立连接关系，以动画形式实现数据的可视化；运行策略通过策略构件，对数据进行操作和处理，如图 4-7 所示。

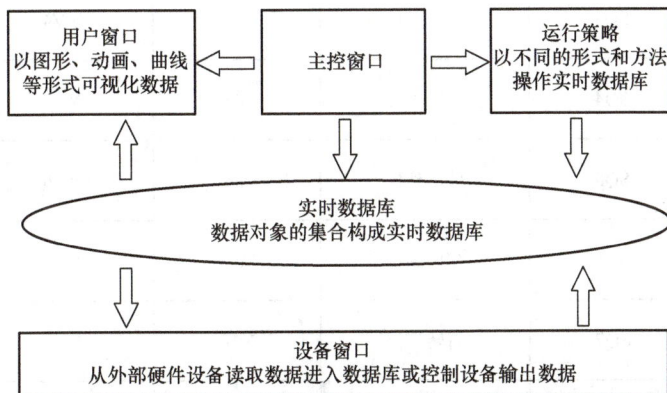

图 4-7　实时数据库数据流图

（5）运行策略

对于复杂的工程，监控系统必须设计成多分支、多层循环嵌套式结构，按照预定的条件，对系统的运行流程及设备的运行状态进行有针对性的选择和精确控制。为此，MCGS 嵌入版引入运行策略的概念，用以解决上述问题。

所谓运行策略，是用户为实现对系统运行流程自由控制组态生成的一系列功能块的总称。MCGS 嵌入版为用户提供了进行策略组态的专用窗口和工具箱。运行策略的建立，使系统能够按照设定的顺序和条件，操作实时数据库，控制用户窗口的打开、关闭以及设备构件的工作状态，从而实现对系统工作过程的精确控制及有序调度管理的目的。

任务实施

步骤一： PLC I/O 分配见表 4-2。

表 4-2　PLC I/O 分配

输入			输出		
输入继电器	输入元件	作用	输出继电器	输出元件	作用
X0	SB1	启动按钮	Y0	M	送料
X1	SB2	停止按钮	Y1	YV1	夹紧
X2	SQ1	光电式接近开关	Y2	YV2	松开
X3	SQ2	手爪夹紧	Y3	YV3	下降
X4	SQ3	下降到位	Y4	YV4	上升
X5	SQ4	上升到位	Y5	YV5	伸出
X6	SQ5	伸出到位	Y6	YV6	缩回
X7	SQ6	缩回到位	Y7	YV7	右转
X10	SQ7	右转到位	Y10	YV8	左转
X11	SQ8	左转到位			

步骤二： 画出 PLC 控制电路图，如图 4-8 所示。

步骤三： 编写 PLC 程序。

启动计算机中的三菱 PLC 编程软件 GX Developer，根据输入、输出点的分配情况，编写机械手的梯形图程序。

（1）编写料盘送料的 PLC 控制程序

供给装置运行检测的梯形图程序如图 4-9 所示。

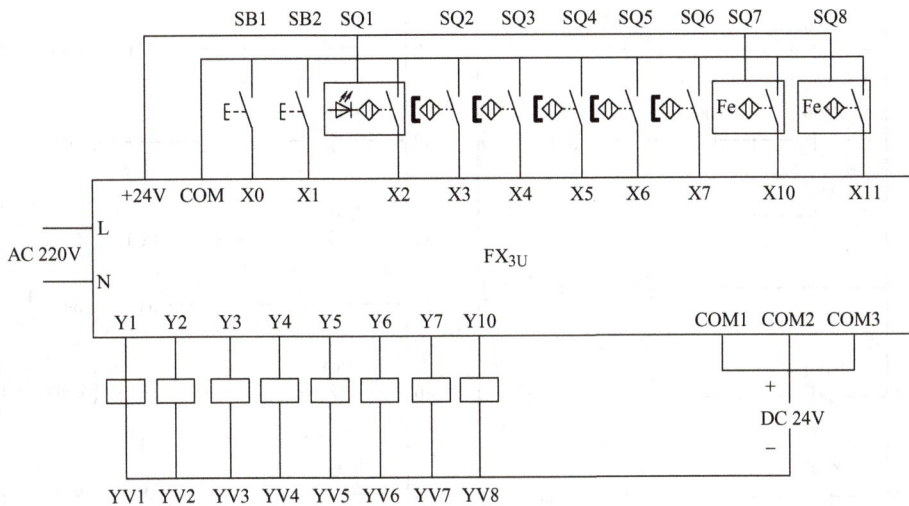

图 4-8　PLC 控制电路图

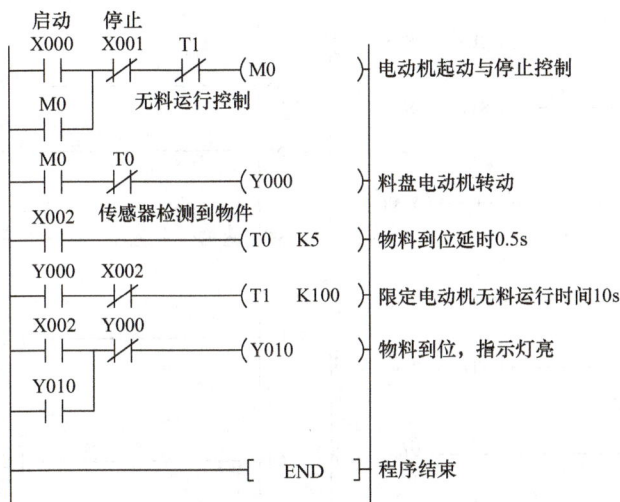

图 4-9　供给装置运行检测的梯形图程序

　　程序中只要光电式传感器检测到工件，直流电动机就停转。而只要工件被取走，直流电动机就会重新转动，继续将物料推出料盘，只要物料到位，指示灯就显示。

　　注意：当物料到位后，直流电动机很容易发生堵转现象。直流电动机发生堵转时，电流会急剧增大，严重发热，使直流电动机损坏。因此，必须防止堵转现象的发生，必要时可停止运行或切断直流电动机电源。

　　（2）编写机械手运行的 PLC 控制程序

　　机械手运行的梯形图程序如图 4-10 所示。

0 ├─M8002─┤ ├────────[SET S0]	39 ────────────────[STL S40]
3 ├─X000─┤ ├──X001──/ ──(M0)	40 ├─Y006─/ ────────────(Y005)
│ ├─M0─┤ ├ │	42 ├─X006─┤ ├────────[SET S45]
7 ────────────────[STL S0]	45 ────────────────[STL S45]
8 ├─Y001─/ ────────────(Y002)	46 ├─Y004─/ ────────────(Y003)
10 ├─X003─/ ────────[SET S20]	48 ├─X004─┤ ├────────[SET S50]
13 ────────────────[STL S20]	51 ────────────────[STL S50]
14 ├─Y003─/ ────────────(Y004)	52 ────────────────K2 (T1)
16 ├─X005─┤ ├────────[SET S25]	55 ├─T1─┤ ├────────[SET S55]
19 ────────────────[STL S25]	58 ────────────────[STL S55]
20 ├─Y005─/ ────────────(Y006)	59 ├─Y002─/ ────────────(Y001)
22 ├─X007─┤ ├────────[SET S30]	61 ├─X003─┤ ├────────[SET S60]
25 ────────────────[STL S30]	64 ────────────────[STL S60]
26 ├─Y010─/ ────────────(Y007)	65 ├─Y003─/ ────────────(Y004)
28 ├─M0─┤ ├─X002─┤ ├─X010─┤ ├──[SET S35]	67 ├─X005─┤ ├────────[SET S65]
33 ────────────────[STL S35]	70 ────────────────[STL S65]
34 ├─Y007─/ ────────────(Y010)	71 ├─Y005─/ ────────────(Y006)
36 ├─X011─┤ ├────────[SET S40]	73 ├─X007─┤ ├────────[SET S70]

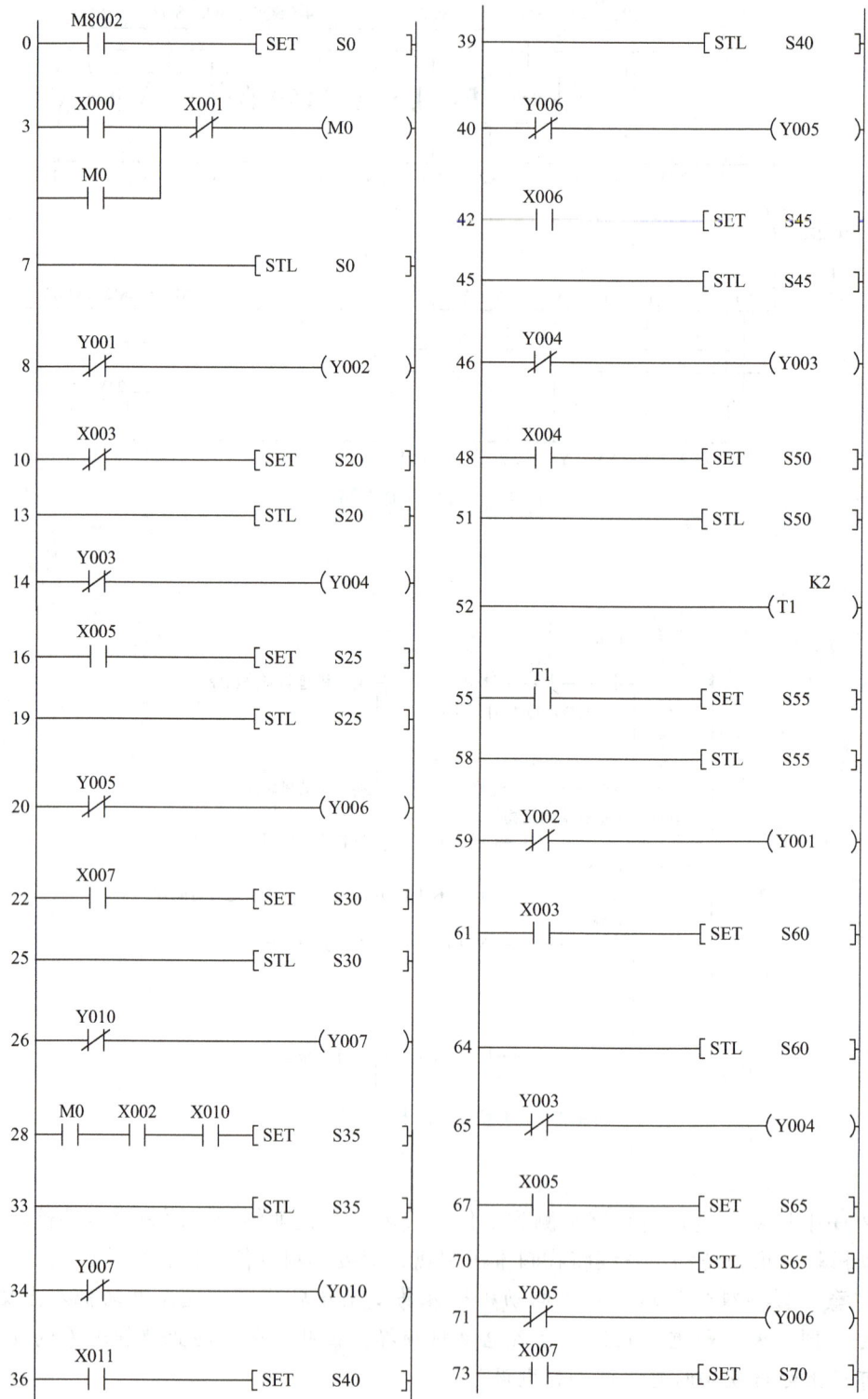

图 4-10 机械手运行的梯形图程序

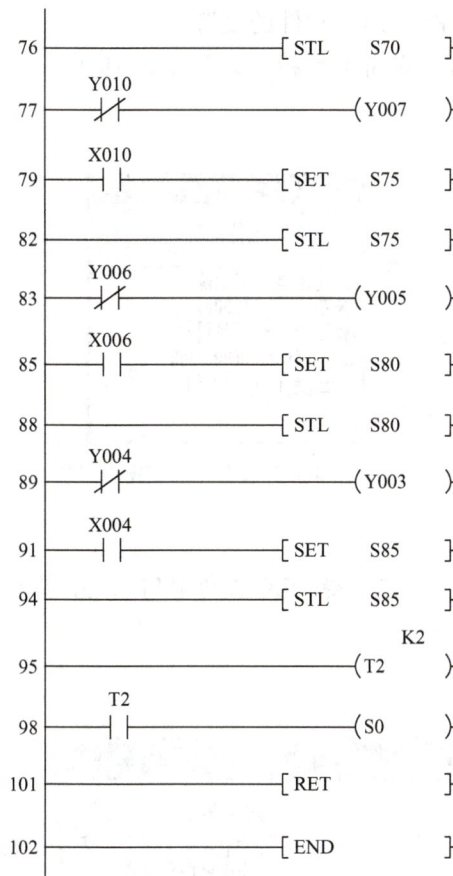

图 4-10　机械手运行的梯形图程序（续）

步骤四：MCGS 触摸屏和 PLC 的通信。

（1）通信线（RS485）的制作

MCGS 触摸屏和 PLC 的 RS485 通信线连接示意图如图 4-11 所示。

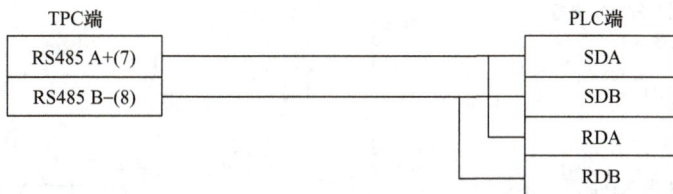

图 4-11　MCGS 触摸屏和 PLC 的 RS485 通信线连接示意图

TPC 端采用 9 针 D 型母头，7 引脚接黄色线和绿色线，8 引脚接红色线和蓝色线。

PLC 端，SDA 引线为黄色线，RDA 引线为绿色线，SDB 引线为红色线，RDB 引线为蓝色线。

建议采用 5 芯屏蔽线，长度约为 2m。

（2）MCGS 触摸屏和 PLC 通信软件的设置

1）组态硬件设置。打开设备工具箱，如图 4-12 所示。

图 4-12　设备工具箱窗口

　　单击"设备管理"，选择"三菱_FX 系列串口"，并双击添加到设备工具箱里，如图 4-13 所示。

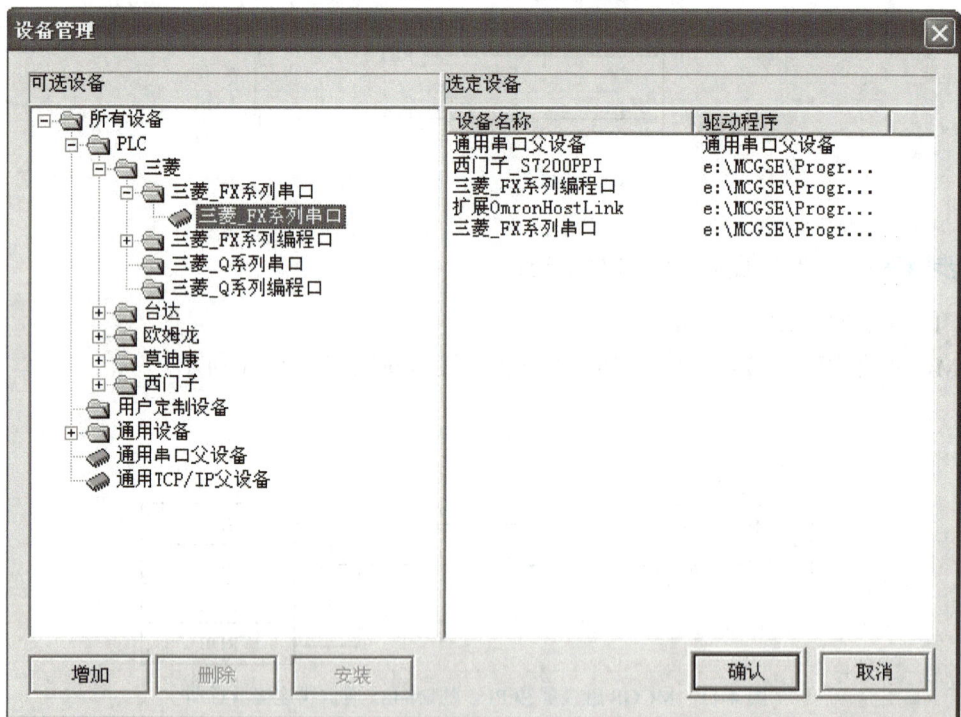

图 4-13　选择设备

组态后的父设备与子设备如图 4-14 所示。

图 4-14　设备窗口

2）修改父设备的参数。右击"通用串口父设备 0--[通用串口父设备]"，选择"属性"，在"通用串口设备属性编辑"窗口中修改参数，如图 4-15 所示。

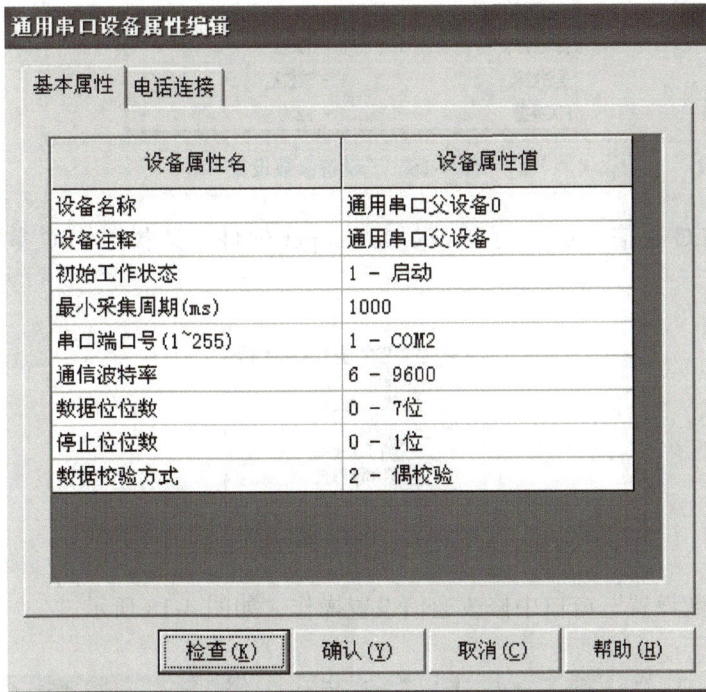

图 4-15　父设备通信参数设置

注意：串口端口号应选择"1-COM2"，原因见表 4-3 COM1 和 COM2（9 针公座包括 2 个 COM 口）的引脚定义。

表 4-3　COM1 和 COM2 的引脚定义

接口	PIN	引脚定义
COM1	2	RS232RXD
	3	RS232TXD
	5	GND
COM2	7	RS485+
	8	RS485-

3）修改子设备的参数。右击"设备 0--[三菱 _FX 系列串口]"，选择"属性"，在"属性"窗口中，修改 PLC 类型为"4-FX3U"，如图 4-16 所示。

设备属性名	设备属性值
[内部属性]	设置设备内部属性
采集优化	1-优化
设备名称	设备0
设备注释	三菱_FX系列串口
初始工作状态	1 - 启动
最小采集周期(ms)	100
设备地址	0
通信等待时间	200
快速采集次数	0
协议格式	0 - 协议1
是否校验	1 - 求校验
PLC类型	4 - FX3U

图 4-16　子设备参数设置

4）修改 PLC 通信参数。打开 GX Developer 软件，选择"PLC 参数"，如图 4-17 所示。

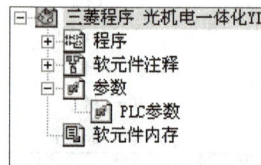

图 4-17　PLC 参数设置

在"FX 参数设置"窗口中修改通信设置操作，如图 4-18 所示。

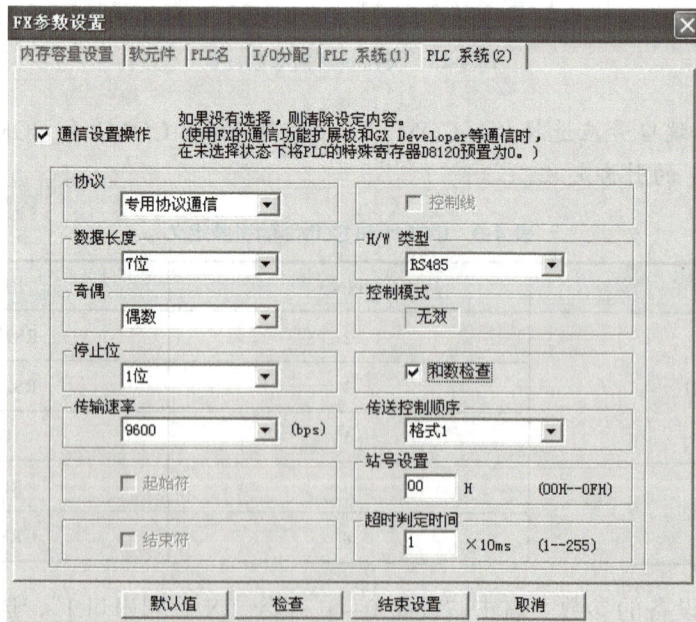

图 4-18　修改 PLC 通信参数

这样触摸屏就可以通过 RS485 与 PLC 进行通信。

步骤五：编制触摸屏的组态。

（1）创建工程

如果在 TPC 类型中找不到"TPC7062KX"，则选择"TPC7062K"，工程名称为"235A 画面 MTS"。

（2）定义数据对象

下面以数据对象"运行状态"为例，介绍定义数据对象的步骤。

1）单击工作台中的"实时数据库"窗口标签，进入"实时数据库"窗口。

2）单击"新增对象"按钮，在窗口的数据对象列表中，增加新的数据对象，系统默认定义的名称为"Data1""Data2""Data3"等（多次单击该按钮，则可增加多个数据对象）。

3）选中数据对象，单击"对象属性"按钮或双击选中数据对象，则打开"数据对象属性设置"窗口。

4）将数据对象名称改为"运行状态"，数据对象类型选择"开关型"，单击"确认"。

按照此步骤，设置其他数据对象。

（3）连接变量

双击"三菱_FX 系列编程口"，进入"设备编辑窗口"界面，如图 4-19 所示。窗口左下方 CPU 类型选择"4-FX3UCPU"。默认窗口右侧自动生产通道名称 X0000 ～ X0007，可以单击"删除全部通道"按钮进行删除。

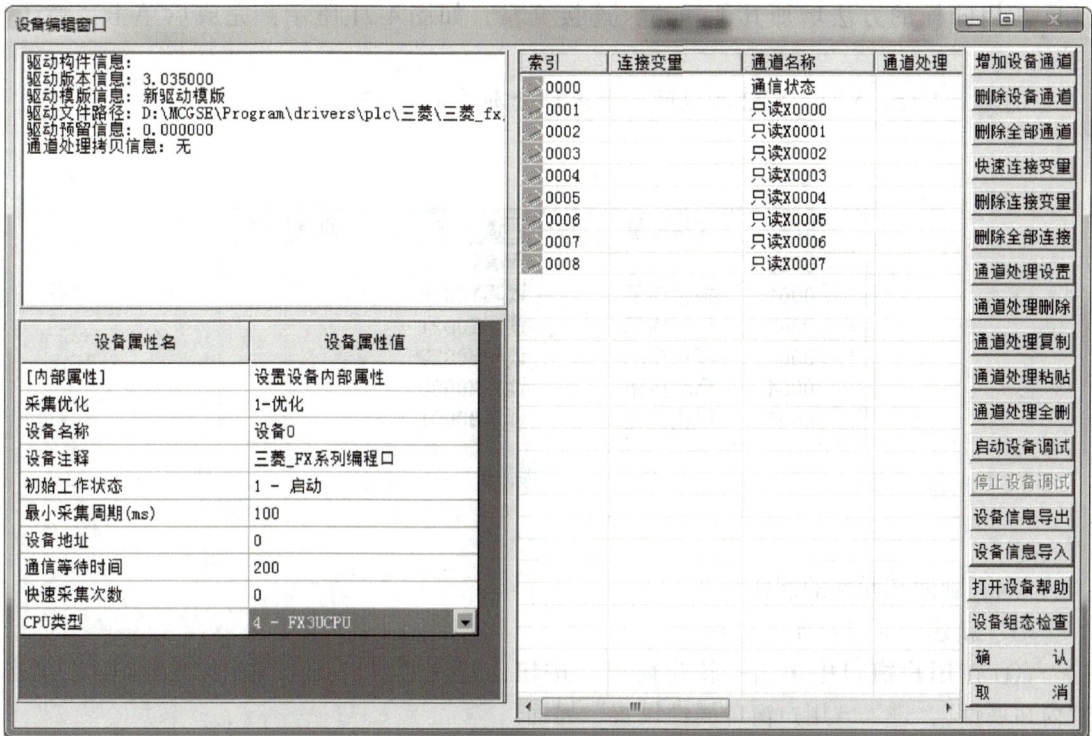

图 4-19　设备编辑窗口

接下来进行变量的连接，这里以"启动按钮"变量连接为例进行说明。

1）单击"增加设备通道"按钮，弹出"添加设备通道"窗口。参数设置如图 4-20 所示。

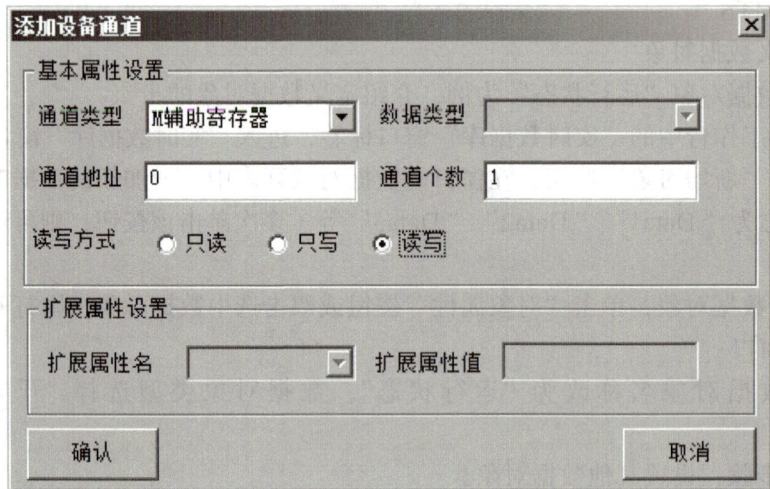

图 4-20 "添加设备通道"窗口

2）单击"确认"按钮，完成基本属性设置。

3）双击"读写 M0000"通道对应的连接变量，从数据中心选择变量为"启动按钮"。用同样的方法增加其他通道，连接变量，如图 4-21 所示，完成后单击"确认"按钮。

注意：Y15、Y21、Y22 对应的通道地址分别是 13、17、18。

索引	连接变量	通道名称	通道处理
0000		通信状态	
0001	报警指示	读写 Y0015	
0002	运行指示	读写 Y0021	
0003	停止指示	读写 Y0022	
0004	启动按钮	读写 M0000	
0005	停止按钮	读写 M0001	

图 4-21 连接变量界面

（4）画面和元件的制作

1）新建画面以及属性设置。

① 在用户窗口中单击"新建窗口"按钮，建立"窗口 0"。选中"窗口 0"，单击"窗口属性"，进入"用户窗口属性设置"界面。

② 将窗口名称改为"欢迎画面"；窗口标题改为"欢迎画面"。

③ 窗口背景选择白色，如图 4-22 所示，单击"确认"完成设置。

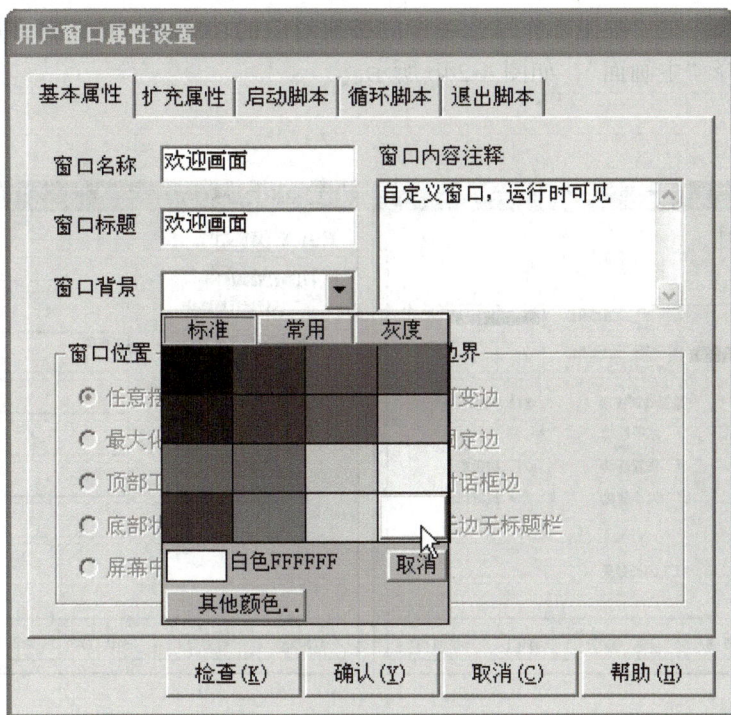

图 4-22　用户窗口属性设置界面

用同样的方法，建立"主画面"。主画面的窗口背景选择黑色。

2）装载位图。进入"欢迎画面"，单击工具箱内的"位图" 图标，鼠标光标呈十字形，在窗口左上角位置拖曳鼠标，拉出一个矩形。

在位图上单击鼠标右键，选择"装载位图"，找到要装载的位图，单击该位图，如图 4-23 所示，然后单击"打开"按钮，该图片即装载到了窗口。

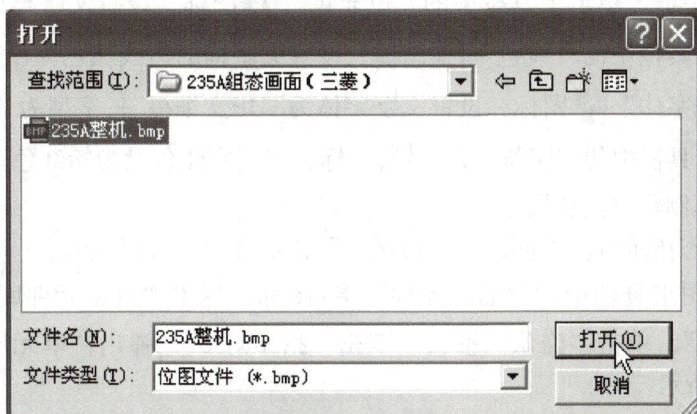

图 4-23　装载位图

　　接着双击图片，弹出"动画组态属性设置"对话框。在"属性设置"选项卡的输入输出连接中勾选"按钮动作"，"属性设置"选项卡旁边就会出现"按钮动作"选项卡，如图4-24a所示，在"按钮动作"选项卡的按钮对应的功能中勾选"打开用户窗口"，打开用户窗口选择"主画面"，如图4-24b所示。

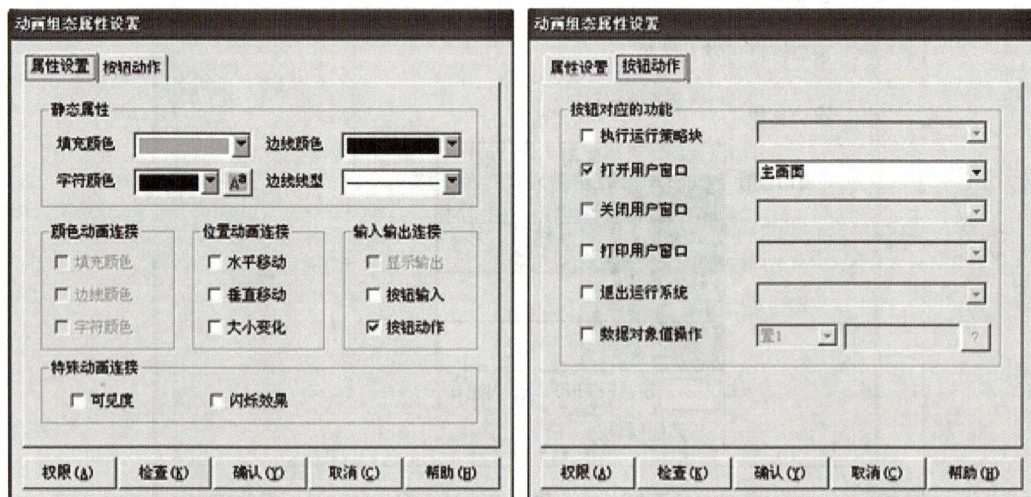

a)　　　　　　　　　　　　　　　　b)

图4-24　"动画组态属性设置"对话框

　　3）制作文字框图。下面以欢迎文字的制作为例进行说明。

　　① 单击工具栏中的"工具箱" 🛠 图标，打开绘图工具箱。

　　② 单击工具箱中的"标签" Ａ 图标，鼠标光标呈十字形，在窗口顶端中心位置拖曳鼠标，根据需要拉出一个大小适合的矩形。

　　③ 在光标闪烁位置输入文字"欢迎使用YL-235A型机电一体化实训装置！"，按回车键或在窗口任意位置单击，文字输入完毕。

　　④ 选中文字框，单击工具栏中的"填充色" 图标，设置文字框的背景颜色为没有填充；单击工具栏中的"线色" 图标，设置文字框的边线颜色为没有边线；单击工具栏中的"字符字体" 图标，设置文字字体为"华文细黑"，字型为"粗体"，大小为"二号"；单击工具栏中的"字符颜色" 图标，将文字颜色设为粉红色。

　　其他文字框制作方法相同。

　　4）制作状态指示灯。下面以"运行指示"指示灯为例进行说明。

　　① 单击绘图工具箱中的"插入元件" 图标，弹出"对象元件库管理"对话框，选择"指示灯6"，单击"确认"按钮。双击"指示灯6"，弹出"单元属性设置"对话框，如图4-25所示。

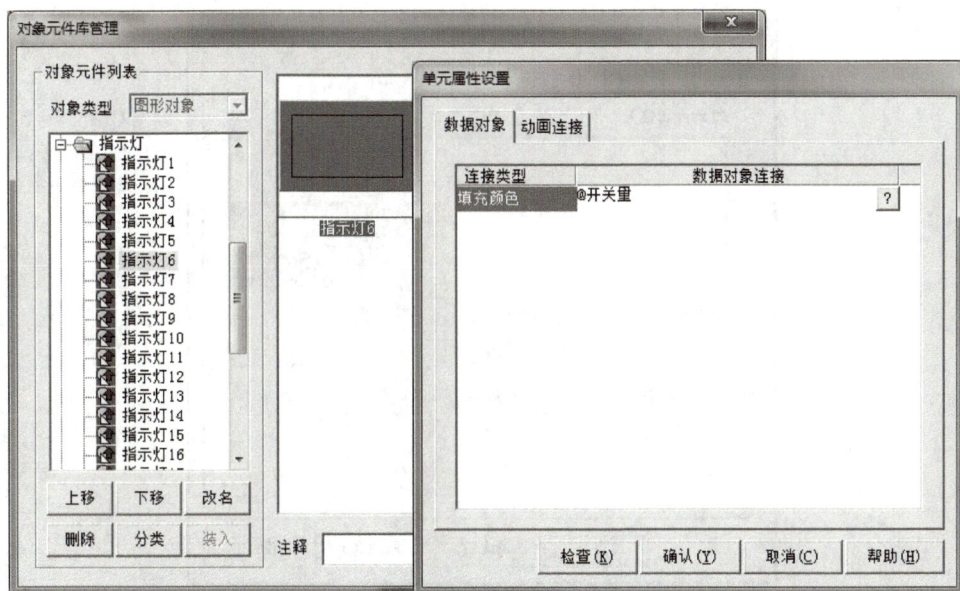

图 4-25　对象元件单元属性设置界面

②　在"数据对象"选项卡中，单击右侧的 ? 按钮，从数据中心选择"运行指示"变量。

③　在"动画连接"选项卡中，单击"填充颜色"，右侧出现 > 按钮，如图 4-26 所示。

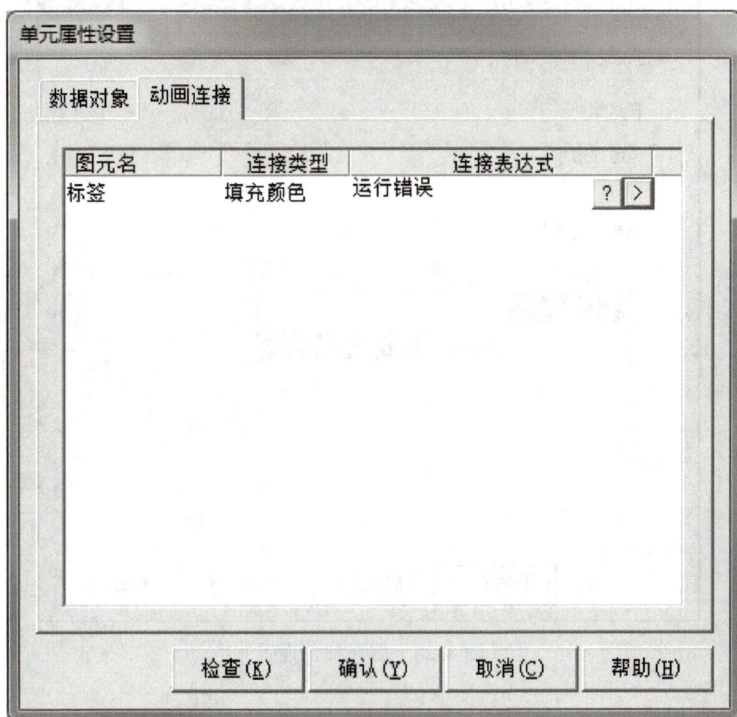

图 4-26　动画连接设置

④　单击 > 按钮，弹出图 4-27 所示对话框。

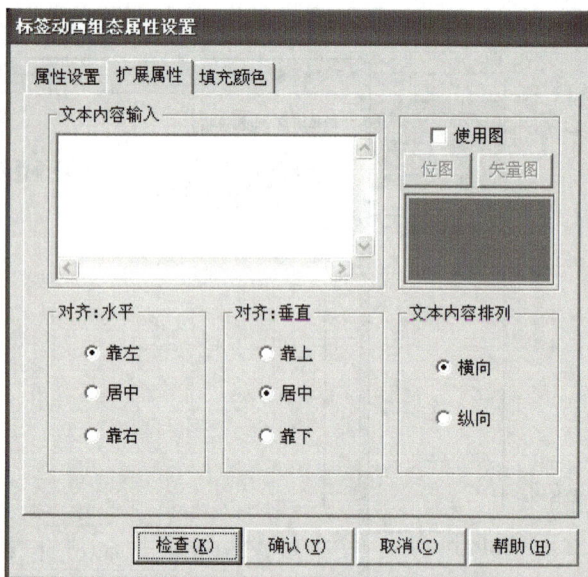

图 4-27　标签动画组态属性设置界面

⑤ 在"属性设置"选项卡中，填充颜色为白色。

⑥ 在"填充颜色"选项卡中，分段点 0 对应颜色为白色；分段点 1 对应颜色为浅绿色，如图 4-28 所示，单击"确认"按钮完成设置。

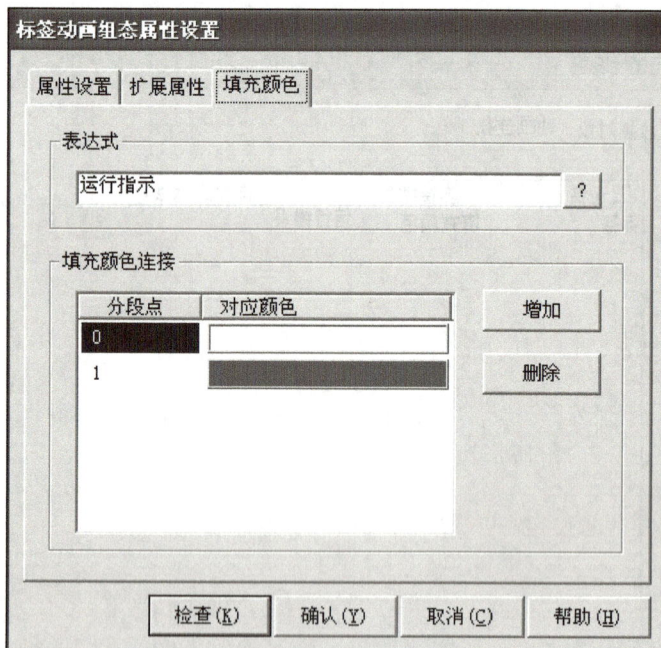

图 4-28　填充颜色设置

"停止指示"指示灯和"报警指示"指示灯属性设置方法类似。

5）制作按钮。以启动按钮为例，进行如下操作：

① 单击绘图工具箱中的 ▭ 图标，在窗口中拖曳出一个大小合适的按钮，双击按钮，弹出如图 4-29 所示对话框。

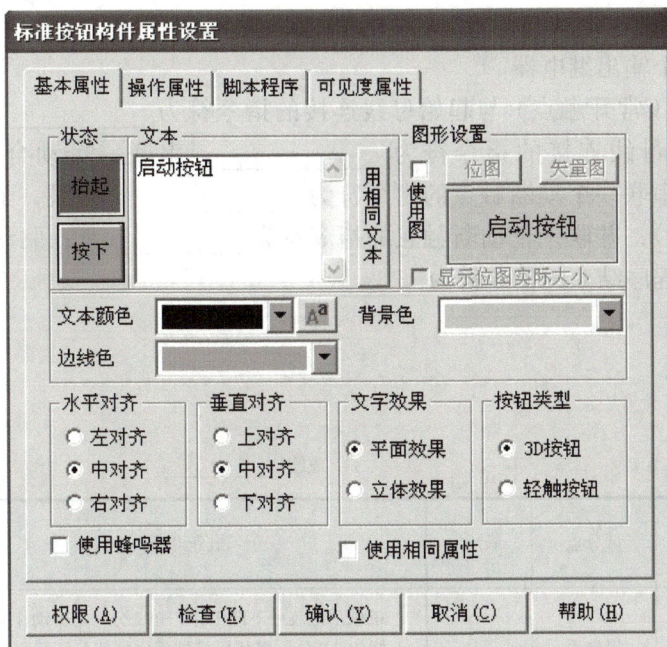

图 4-29　标准按钮构件属性设置界面

② 在"基本属性"选项卡中，无论是抬起还是按下状态，文本都设置为"启动按钮"；将抬起功能属性中字体设置为"宋体"，字体大小设置为"小四号"，背景颜色设置为"浅绿色"；将按下功能属性中字体大小设置为"小五号"，其他同抬起功能属性设置。

③ 在"操作属性"选项卡中，抬起功能属性中数据对象值操作为"按 1 松 0""启动按钮"。

④ 其他默认，单击"确认"按钮完成设置。

"停止按钮"和"退出主画面"按钮设置方法类似。

▷▷ 知识评测

1. 触摸屏由＿＿＿＿＿＿和＿＿＿＿＿＿组成。

2. 本次使用的触摸屏，按其工作原理和传输信息的介质，属于＿＿＿＿＿＿触摸屏（昆仑通态触摸屏、步科触摸屏均属于电阻式触摸屏）。

3. 本次使用的触摸屏，型号为＿＿＿＿＿＿，该触摸屏用于与 PLC 通信的端口为＿＿＿＿＿＿，与计算机连接的端口为＿＿＿＿＿＿（按工作现场实际使用的触摸屏填写）。

4. 本次使用的触摸屏的组态软件是＿＿＿＿＿＿，其版本为＿＿＿＿＿＿。

5. 将完成的创建工程从计算机下载到触摸屏，用＿＿＿＿＿＿连接计算机与触摸屏。

6. 使用触摸屏时，设定的触摸屏通信方式为 RS485 通信模式，选择的触摸屏通信为＿＿＿＿＿＿，触摸屏显示方式为＿＿＿＿＿＿（按实训实际设定填写）。

7. 本次使用的触摸屏设置 PLC 通信参数时，设置的 PLC 类型为＿＿＿＿＿＿，通信口类型为＿＿＿＿＿＿，通信类型为＿＿＿＿＿＿，波特率为＿＿＿＿＿＿，数据位为＿＿＿＿＿＿，停止位为＿＿＿＿＿＿，奇偶校验选择为＿＿＿＿＿＿（按实训实际设置填写）。

8.本次使用了型号为_____的 PLC，该 PLC 有_____个输入继电器，有_____个输出继电器。

9.动合触点（常开触点）与起始母线连接的指令符为_____，动断触点（常闭触点）与起始母线连接的指令符为_____；串联一个动合触点的指令符为_____，串联一个动断触点的指令符为_____；并联一个动合触点的指令符为_____，并联一个动断触点的指令符为_____；驱动线圈的指令符为_____，程序结束的指令符为_____。

▷▷ 任务评价

学号：_____   成绩：_____

项目	项目配分	评分点	配分	扣分说明	得分	项目得分
部件组装、气路连接、电路连接、电路图	部件组装及测试 10	机械手装置	6	机械手组装后不能工作，扣 2 分，每个动作完成不好扣 0.5 分；组装后机械手立柱明显不垂直，扣 1 分；机械手装置安装尺寸误差超过 ±1mm，每处扣 0.5 分		
		气源组件	4	安装尺寸误差超过 ±1mm，每处扣 0.5 分		
	气路连接 10	元件选择	2	气缸用电磁阀与图样不符，每处扣 0.5 分		
		气路连接	4	漏接、脱落、漏气，每处扣 0.5 分，最多扣 3 分		
		气路工艺	4	布局不合理扣 1 分，零乱扣 1 分；长度不合理、没有绑扎，扣 1 分		
	电路连接 10	元件选择	2	元件选择与任务要求不符合，每处扣 0.5 分，最多扣 2 分		
		连接工艺	5	连接不牢、露铜超过 2mm，同一接线端子上连接导线超 2 根，每处扣 0.5 分，最多扣 5 分		
		编号管	3	导线未套编号管，每处扣 0.2 分，最多扣 3 分；套管不标号，每处扣 0.1 分，最多扣 3 分		
功能	初始状态 10	机械手初始位置	10	当机械手不在初始位置时，不能执行复位操作扣 1 分；上电指示灯不正确扣 1 分		
	设备运行 50	启动	10	不能正常启动扣 10 分		
		抓取物料动作	30	运行动作错一个扣 5 分		
		停止	10	按下停止运行按钮，设备按要求停止，不能正常停止运行扣 10 分		

（续）

项目	项目配分	评分点	配分	扣分说明	得分	项目得分
职业与安全意识	10	安全	5	所有操作符合安全操作规程要求得 5 分，基本符合要求得 3 分，一般得 1 分（可一项否决）		
		规范	3	工具摆放、人员着装、包装物品、导线线头等的处理符合职业岗位的要求得 3 分，有 2 处错误得 1 分，有 2 处以上错误得 0 分		
		纪律	2	遵守课堂纪律，爱护设备和元器件，保持工位整洁，做到得 2 分，未做到扣 2 分		
违规	扣分	违规		电路短路扣 5 分，设备部件松动使设备不能正常工作扣 1 分，有不符合职业规范的行为，视情节轻重扣 5～10 分		
总分						

任务 2　物料传送分拣动作的编程与调试

>> 任务目标

1. 素养目标

1）培养探寻事物之间逻辑关系的意识。
2）培养关注细节的习惯，培养精益求精的工匠精神。
3）培养创新意识，增强科学探索精神。

2. 技能目标

1）能够按照任务要求设置变频器参数，并调试至符合任务要求。
2）能够按照任务要求编制 PLC 程序，并控制变频器完成任务要求。

3. 知识目标

1）能够准确描述 PLC 的编程逻辑及指令功能。
2）能够准确描述变频器的工作原理及参数含义。

▶▶ 任务描述

编写 PLC 程序，PLC 控制分拣系统完成以下任务：

按下启动按钮，若入料口有料（用光电式接近开关检测），三相异步电动机以 15Hz 频率启动运行 15s，分拣机构完成物料的分拣工作：金属工件进入一号仓，白色塑料工件进入二号仓，黑色塑料工件进入三号仓。若入料口还有工件，三相异步电动机再运行 15s。按下停止按钮，三相异步电动机立即停止。启动状态下，红色指示灯亮；停止状态下，绿色指示灯亮。

▶▶ 知识链接

1. 变频器参数的设定

变频器参数的出厂设定值被设置为完成简单的变速运行。如需按照负载和操作要求设置参数，则应进入参数设置模式，先选择参数编号，然后设置其参数值。设置参数分两种情况，一种是停机 STOP 方式下重新设置参数，这时可设置所有参数；另一种是在运行时设定，这时只允许设置部分参数，但是可以核对所有参数编号及参数。图 4-30 为变更参数设定值示例，所完成的操作是把参数 Pr.1（上限频率）的出厂设定值 120.0Hz 变更为 50.0Hz，假定当前运行模式为外部 /PU 运行切换模式（Pr.79=0）。

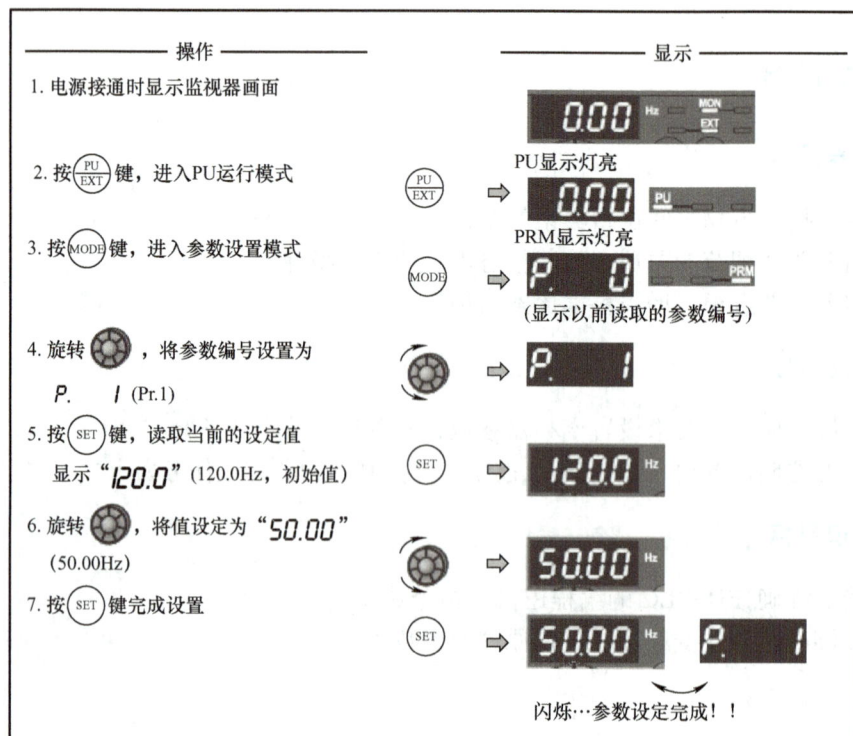

图 4-30　变更参数设定值示例

图 4-30 中，需要先切换到 PU 运行模式下，再进入参数设置模式。在任一运行模式下，按 MODE 键，都可以进入参数设置模式。

2. 常用参数设置实训

FR-E740 系列变频器有几百个参数，实际使用时，只需根据使用现场的要求设定部分参数，其余按出厂设置即可。

下面介绍一些常用参数的设置过程。关于参数设置更详细的说明可参阅 FR-E740 系列变频器使用手册。

（1）输出频率限制（Pr.1、Pr.2、Pr.18）

为了限制电动机的速度，应对变频器的输出频率加以限制。利用设置 Pr.1 上限频率和 Pr.2 下限频率，可对输出频率进行上、下限位。

当在 120Hz 以上频率运行时，用参数 Pr.18 高速上限频率设置高速输出频率的上限。

（2）加减速时间（Pr.7、Pr.8、Pr.20、Pr.21）

加减速时间各参数的意义及设置范围见表 4-4。

表 4-4　加减速时间各参数的意义及设置范围

参数号	参数意义	出厂设置	设置范围	备注
Pr.7	加速时间	5s	0～3600/360s	根据 Pr.21 加减速时间单位的设置值进行设置。初始值设置范围为 0～3600s，单位为 0.1s
Pr.8	减速时间	5s	0～3600/360s	
Pr.20	加减速基准频率	50Hz	1～400Hz	
Pr.21	加减速时间单位	0	0/1	0：0～3600s；单位：0.1s 1：0～360s；单位：0.01s

注：1. Pr.20 加减速的基准频率，在我国选择 50Hz。

　　2. Pr.7 加速时间用于设置从停止到 Pr.20 加减速基准频率的加速时间。

　　3. Pr.8 减速时间用于设置从 Pr.20 加减速基准频率到停止的减速时间。

（3）多段速控制

变频器在外部模式或组合模式 2 下，可以通过外接开关器件的组合通断改变输入端子的状态，这种控制频率的方式称为多段速控制。

FR-E740 系列变频器的速度控制端子是 RH、RM 和 RL，通过这些开关的组合可以实现 3 段速、7 段速的控制。

由于转速的挡位是按二进制顺序排列，故三个输入端可以组合成 3～7 挡（0 状态不计）转速。其中，3 段速由 RH、RM、RL 单个通断来实现，7 段速由 RH、RM、RL 通断的组合来实现。

7 段速的各自运行频率由参数 Pr.4～Pr.6（设置前 3 段速的频率）、Pr.24～Pr.27（设置第 4～7 段速的频率）设置。多段速控制对应的控制端状态及参数关系如图 4-31 所示。

多段速控制在 PU 运行和外部运行模式下都可以设置。运行期间也能变更参数值。

3 段速设置的场合（Pr.24～Pr.27 设置为 9999），2 段速以上同时被选择时，低速信号的设置频率优先。

注意： 如果把参数 Pr.183 设置为 8，将 RMS 端子的功能转换成多速段控制端 REX，就可以用 RH、RM、RL 和 REX 通断的组合来实现 15 段速。

参数编号	出厂设置	设置范围	备注
4	50Hz	0～400Hz	
5	30Hz	0～400Hz	
6	10Hz	0～400Hz	
24～27	9999	0～400Hz, 9999	9999:未选择

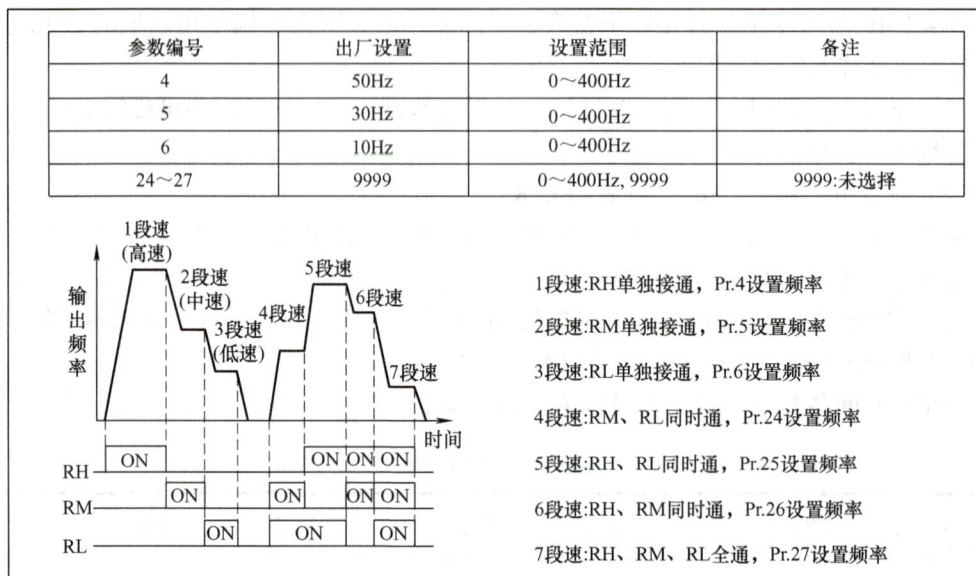

图 4-31　多段速控制对应的控制端状态及参数关系

（4）通过模拟量输入（端子 2、4）设置频率

分拣单元变频器的频率设置，除了用 PLC 输出端子控制多段速度设置外，也有连续设置频率的需求，如在变频器安装和接线完成进行运行试验时，常常用调速电位器连接到变频器的模拟量输入信号端，进行连续调速试验。需要注意的是，如果要用模拟量输入（端子 2、4）设置频率，则 RH、RM 和 RL 端子应断开，否则多段速控制设置优先。

FR-E700 系列变频器提供 2 个模拟量输入信号端子（端子 2、4）用作连续变化的频率设置。在出厂设置情况下，只能使用端子 2，端子 4 无效。要使端子 4 有效，需要在各接点输入端子 STF、STR、⋯、RES 中选择一个，将其功能定义为 AU 信号输入，则当这个端子与 SD 端短接时，AU 信号为 ON，端子 4 变为有效，端子 2 变为无效。如选择 RES 端子为 AU 信号输入，则设置参数 Pr.184 =4，在 RES 端子与 SD 端子之间连接一个开关，当此开关断开时，AU 信号为 OFF，端子 2 有效；反之，当此开关接通时，AU 信号为 ON，端子 4 有效。

（5）参数清除

如果用户在参数调试过程中遇到问题，并且希望重新开始调试，可用参数清除操作方法实现。即在 PU 运行模式下，设置 Pr.CL、ALLC 参数全部清除均为 1，可使参数恢复为初始值。但如果设置 Pr.77 参数写入选择 =1，则无法清除。

参数清除操作需要在参数设置模式下，用 M 旋钮选择参数编号为 Pr.CL 和 ALLC，把它们的值均置为 1，操作步骤如图 4-32 所示。

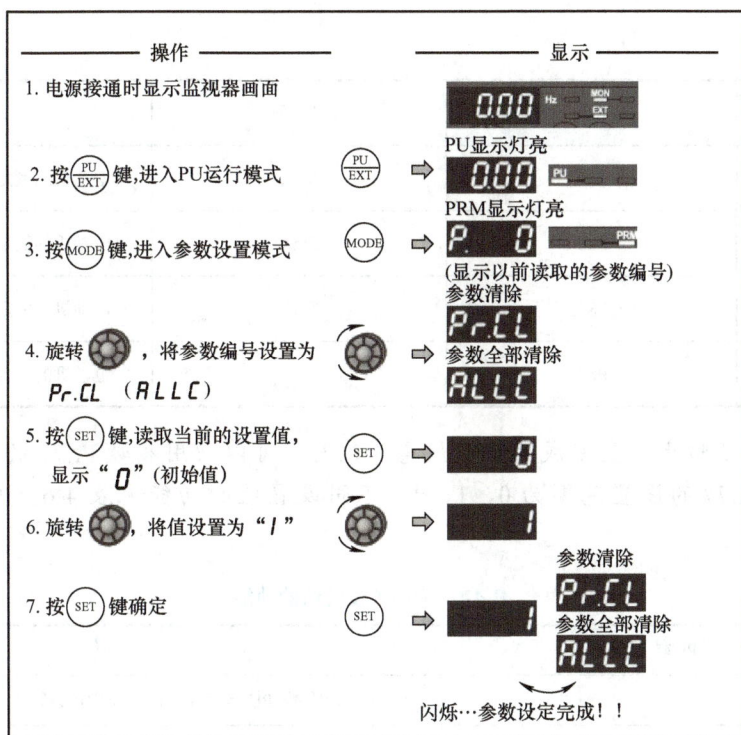

图 4-32　参数清除操作步骤

>> 任务实施

步骤一： 变频器参数设置。

三菱变频器参数设置见表4-5。

表 4-5　常用参数设置

序号	参数代号	参数值	说明
1	P4	35	高速
2	P5	20	中速
3	P6	11	低速
4	P7	5	加速时间
5	P8	5	减速时间
6	P14	0	
7	P79	2	电动机控制模式

（续）

序号	参数代号	参数值	说明
8	P80	默认	电动机的额定功率
9	P82	默认	电动机的额定电流
10	P83	默认	电动机的额定电压
11	P84	默认	电动机的额定频率

注意：为了防止设置完成的参数被意外改写，可以使用参数 Pr.77 的参数写入禁止功能。参数 Pr.77 的设置范围为 0、1、2，不同设置值的功能见表 4-6，Pr.77 出厂设置值 =0。

表 4-6　Pr.77 设置值的功能

Pr.77 设置值	功能
0	仅限于 PU 运行模式的停止中可以写入
1	不可写入参数 Pr.22、Pr.75、Pr.77 和 Pr.79 操作模式选择时可写入参数
2	即使运行时也可以写入参数 与运行模式无关，可以进行设置

如果用户在参数调试过程中遇到问题，并且希望重新开始调试，实践证明这种参数清除操作方法是非常有用的。参数清除有两种情况，一种是只清除用户设置的参数值，用户设置的校准值不变；另一种是参数全部清除，包括参数清除和校准值清除。为了实现参数清除，应设置参数 Pr.77=0。

参数清除操作中，首先按 MODE 键将显示模式切换至帮助模式下，然后按 ▲ 键选择参数清除或全部清除方式，如图 4-33 所示。

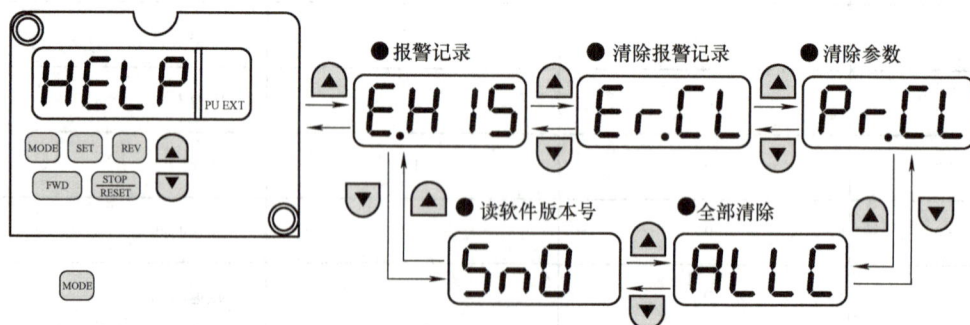

图 4-33　在帮助模式下各内容变换的操作示意

参数清除的步骤为：按图 4-34 示意，按 ▲ 键选择参数清除方式，操作 SET 键和 ▲ 键将显示由 0 改为 1，然后持续按下 SET 键超过 1.5s，使得显示在 1 和 Pr.CL 间交替变换，此时用户输入的所有参数值均被清除，恢复到出厂值，如图 4-34 所示。

参数清除
将参数值初始化到出厂设置值，校准值不被初始化
Pr.77设定为1时(即选择参数写入禁止)，参数值不能被消除

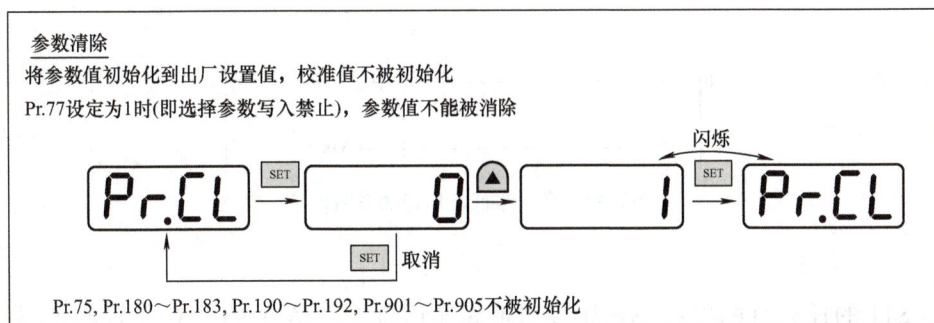

Pr.75, Pr.180～Pr.183, Pr.190～Pr.192, Pr.901～Pr.905不被初始化

图 4-34　参数清除操作示意

全部清除的步骤为：按图 4-35 示意，按 ▲ 键选择全部清除方式，操作 SET 键和 ▲ 键将显示由 0 改为 1，然后持续按下 SET 键超过 1.5s，使得显示在 1 和 ALLC 间交替变换，此时用户输入的所有参数值和校准值均被清除，恢复到出厂设置值，如图 4-35 所示。

全部消除
将参数值和校准值全部初始化到出厂设置值

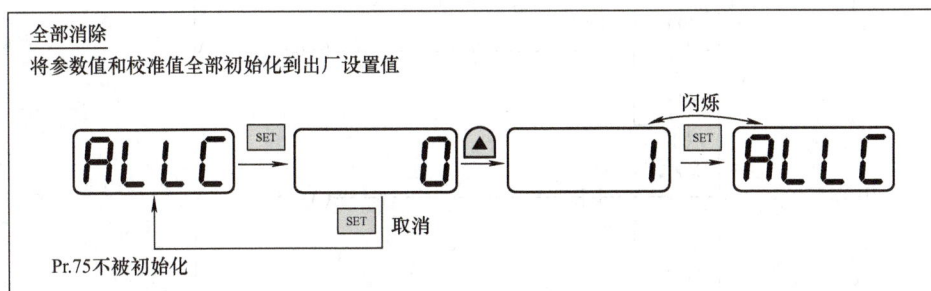

Pr.75不被初始化

图 4-35　全部清除操作示意

步骤二： 简单分拣运行 PLC 状态转移图如图 4-36 所示。

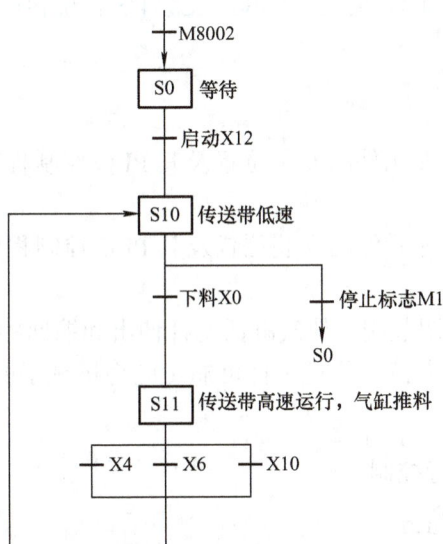

图 4-36　简单分拣运行 PLC 状态转移图

1）S10 的任务是让传送带低速运行，梯形图程序如图 4-37 所示。

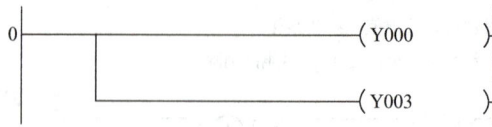

图 4-37　传送带低速运行梯形图程序

2）S11 的任务有两项：一是让传送带高速运行，二是 A、B、C 位置的传感器检测到进入相应斜槽的物料并将其推入。梯形图程序如图 4-38 所示。

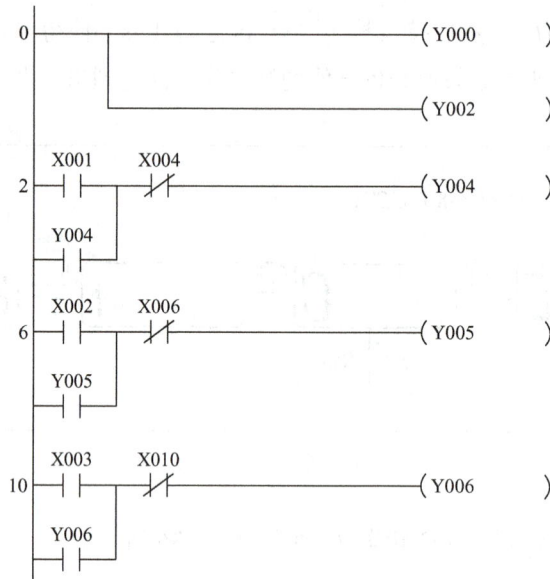

图 4-38　传送带高速运行及物料分拣梯形图程序

3）设备调试与试运行。

① 机械部件、传感器等元件的安装位置及其 PLC 控制程序应相互配合，协调动作，保证分拣准确。

② 机械部件、传感器等元件的安装位置及其 PLC 控制程序应保证带式输送机启动、停止的位置和时间准确。

③ 调节气路中的流量调节阀，使气缸活塞杆伸出和缩回的速度适中。

④ 机械手运行协调，夹持、传送工件可靠（应将机械手的工件传送速度调试到满足设备控制要求）。

步骤三： 复杂分拣运行控制。

1）PLC I/O 分配见表 4-7。

表 4-7 PLC I/O 分配表

输入			输出		
输入继电器	输入元件	作用	输出继电器	输出元件	作用
X0	SB1	启动按钮	Y11	YV1	气缸 1 伸出
X1	SB2	停止按钮	Y12	YV2	气缸 2 伸出
X14	SQ1	光电式接近开关	Y13	YV3	气缸 3 伸出
X15	SQ2	气缸 1 缩回	Y14	HL1	红灯
X16	SQ3	气缸 1 伸出	Y15	HL2	绿灯
X17	SQ4	气缸 2 缩回	Y20	M	驱动输送带
X20	SQ5	气缸 2 伸出			
X21	SQ6	气缸 3 缩回			
X22	SQ7	气缸 3 伸出			
X23	SQ8	电感式接近开关			
X24	SQ9	光纤式光电接近开关 1			
X25	SQ10	光纤式光电接近开关 2			

2）画出控制电路图，如图 4-39 所示。

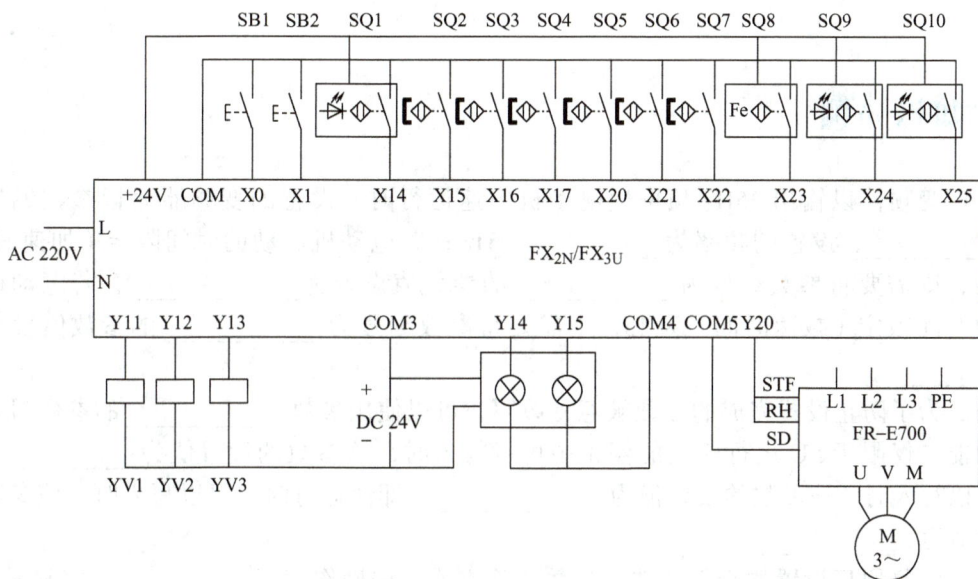

图 4-39 控制电路图

3）根据要求设置变频器参数。首先设置 Pr.79=0 或 1，然后设置 Pr.4=15，最后设置 Pr.79=2。

4）编写 PLC 程序。启动计算机中的三菱 PLC 编程软件 GX Developer，根据 PLC I/O 分配情况，编写传送与分拣的梯形图程序，如图 4-40 所示。

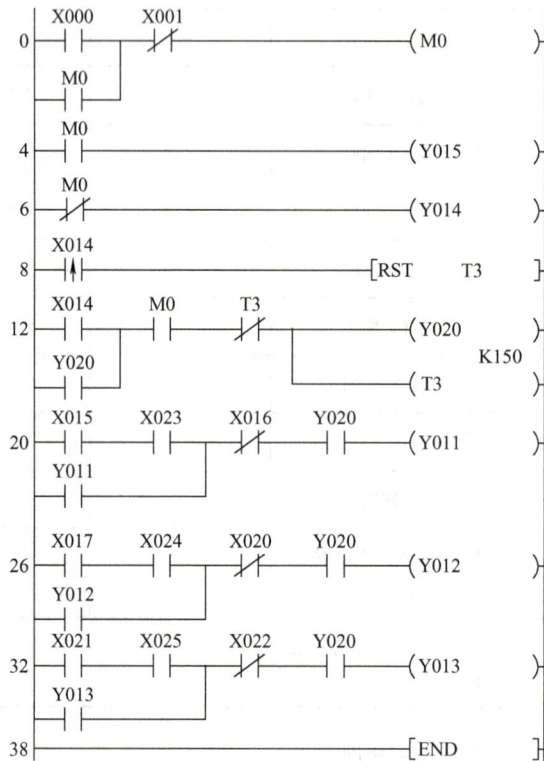

图 4-40 传送与分拣梯形图程序

>> **知识评测**

1. 变频器以输出 35Hz 频率使电动机中速运行时，设置的变频器运行参数编号为 _____，设置的频率为 _____Hz；若电动机起动的时间限定（加速时间）为 2s，则需要将参数编号为 _____的参数值设置为 _____；若电动机停止的时间限定（减速时间）为 1s，则需要将参数编号为 _____的参数值设置为 _____。

2. 为了防止设置完成的参数被意外改写，可以使用参数 _____的参数写入禁止功能。仅限于 PU 运行模式的停止中可以写入时，该参数的设置值为 _____；不可以写入时，该参数的设置值为 _____；即使运行时也可以写入时，该参数的设置值为 _____。

3. 恢复原厂设置的步骤：选择参数清除方式，按操作键 _____，将显示由 0 改为 1，然后持续按下 _____键，使得显示在 1 和 Pr.CL 间交替变换，此时用户输入的所有参数值均被清除，恢复到出厂值。

≫ 任务评价

学号：_____　　　　　　　　　　成绩：_____

项目	项目配分	评分点	配分	扣分说明	得分	项目得分
部件组装及测试	10	传送带装置	6	传送带组装后不能工作，扣 2 分，每个动作扣 0.5 分；组装后传送带中立柱明显不垂直，扣 1 分；装置安装尺寸误差超过 ±1mm，每处扣 0.5 分		
		气源组件	4	安装尺寸误差超过 ±1mm，每处扣 0.5 分		
气路连接	10	元件选择	2	气缸用电磁阀与图样不符，每处扣 0.5 分		
		气路连接	4	漏接、脱落、漏气，每处扣 0.5 分，最多扣 3 分		
		气路工艺	4	布局不合理扣 1 分，零乱扣 1 分；长度不合理、没有绑扎，扣 1 分		
电路连接	10	元件选择	2	元件选择与任务要求不符，每处扣 0.5 分，最多扣 2 分		
		连接工艺	5	连接不牢、露铜超过 2mm，同一接线端子上连接导线超 2 根，每处扣 0.5 分，最多扣 5 分		
		编号管	3	导线未套编号管，每处扣 0.2 分，最多扣 3 分；套管不标号，每处扣 0.1 分，最多扣 3 分		
初始状态	10	部件初始位置	10	不在初始位置时，不能执行复位操作扣 1 分；上电指示灯不正确扣 1 分		

（续）

项目	项目配分	评分点	配分	扣分说明	得分	项目得分
设备运行	50	启动	10	不能正常启动扣10分		
		三种物料分拣	30	运行动作每错一个扣5分		
		停止	10	按下停止运行按钮，设备按要求停止		
职业与安全意识	10	安全	5	所有操作符合安全操作规程要求得5分，基本符合要求得3分，一般得1分（可一项否决）		
		规范	3	工具摆放、人员着装、包装物品、导线线头等的处理符合职业岗位的要求得3分，有2处错误得1分，有2处以上错误得0分		
		纪律	2	遵守课堂纪律，爱护设备和元器件，保持工位整洁，做到得2分，未做到扣2分		
违规	扣分	违规		电路短路扣5分，设备部件松动使设备不能正常工作扣1分，有不符合职业规范的行为，视情节轻重扣5~10分		
总分						

任务3 机电一体化装置的检修与排故

▶▶ 任务目标

1. 素养目标

1）培养综合分析问题的能力。

2）培养整体意识、大局观念。

3）培养自觉遵守国家职业标准和要求的意识。

4）培养严格按照操作流程进行工作的态度。

2. 技能目标

1）能够按任务要求完整调试设备至正常运行。

2）能够根据故障现象查找出故障原因并维修设备至正常运行。

3. 知识目标

1）能够列举机电一体化设备常出现的故障。

2）能够说出检修机电一体化设备的常用方法和流程。

≫ 任务描述

根据任务要求，分别完成 YL-235A 型机电一体化实训装置的硬件组装、电路和气路安装与调试、PLC 编程与调试。

具体任务如下：

1）按照图 4-41 机械组装图的要求完成实训装置的机械组装。

2）按照气动原理图（见图 3-1）的要求完成气路连接，并调试。

3）绘制符合任务要求的电气原理图，按照电气原理图完成线路连接，并调试。

4）编写 PLC 程序，并调试。

将放在物料转盘中的金属圆柱形物料、白色和黑色塑料圆柱形物料进行分拣的生产设备控制要求如下：

1）机械手在左限位位置，机械手悬臂气缸、手臂气缸的活塞杆缩回，手爪处于松开状态。各物料推出气缸的活塞杆均处于缩回状态，警示灯组均不发光，带式输送机静止不动，为设备主要部件的初始位置。若这些部件不在初始位置，可采用手动的方式将其复位。

2）按下启动按钮，用手工方式将圆柱形物料放进物料转盘中。出料口传感器检测到圆柱形物料到达，机械手悬臂伸出到位后→手臂下降→手爪夹紧抓取一个圆柱形物料→然后手臂上升→悬臂缩回→整个机械手向右转动，到右限位时，悬臂伸出到位后→手臂下降→手爪松开圆柱形物料落入入料口后→机械手手臂上升→悬臂缩回，整个机械手向左转动，到左限位停止。

3）圆柱形物料落入传送带入料口被检测到后，带式输送机的拖动电动机以频率为20Hz 的速度运行，若输送的物料为金属圆柱形物料，则在入料位置带式输送机停止，由推料气缸推入料槽一；若输送的物料为塑料圆柱形物料，则在该入料位置带式输送机停止，由推料气缸推入料槽二。物料推进料槽后，推料气缸的活塞杆缩回到位后，机械手再次工作，搬运放在物料盘中的物料。

如果在运行过程中，尚未按下过停止按钮 SB5，则系统继续循环。如果在运行过程中，按下停止按钮 SB5，设备将会完成当前的物料分拣，推料气缸的活塞杆缩回后，设备停止。

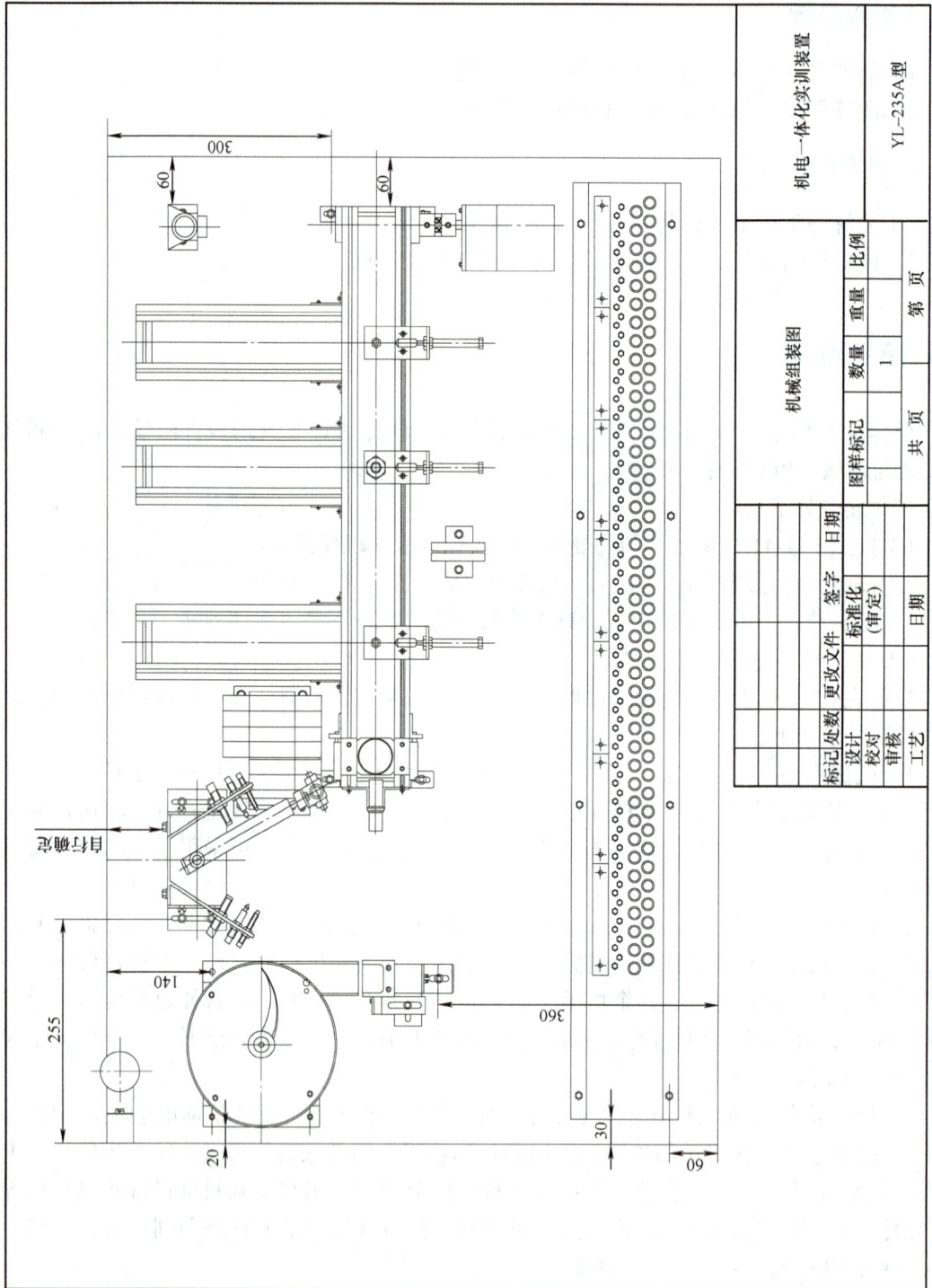

图 4-41　机械组装图

知识链接

任务实施过程中使用的仪器与设备包括 PC 一台、YL-235A 型机电一体化实训装置一台。

1. 实训装置接线及调试方法

（1）警示灯五根引线的接线方法

YL-235A 型机电一体化实训装置上的警示灯为 LTA-205 型红绿双色闪亮警示灯，共有五根引线，其中黑色线（24V 负极）、较粗红色线（24V 正极）为电源线，较细的红色线为红色警示灯控制线，绿色线为绿色警示灯控制线，棕色线为两灯的公共端。实际中，由于设备的循环使用导致线路损坏，没有按照上述标准进行接线或标志部分已被封装，这时电源正负极、红绿控制线和公共端可使用指针式万用表的欧姆挡，选择 $R \times 100$ 或 $R \times 1\mathrm{k}\Omega$ 挡位进行判别。首先判别红绿控制端，用两表笔循环测量五根线中的任意两根，直到找到电阻接近于零的那两根线即为红绿控制线；再判别公共端，用红表笔接剩下的三根线的任意一根，黑表笔接另两根，循环测量，直到找到两次测得的电阻均为 $8\mathrm{k}\Omega$ 左右，那么红表笔所接的那一根即为公共端，最后剩下的那两根就是电源的正负极。

（2）警示灯输出端与变频器输出端为同一控制端子时的接线方法

在 YL-235A 型机电一体化实训装置上进行警示灯接线时，公共端的引线大部分是悬空的，在有些设备上会把公共端剪掉，这种做法是错误的。因为当警示灯输出端与变频器输出端为同一控制端子时必须接公共端子，否则警示灯无法闪亮。具体做法是将警示灯的电源正负极仍然接三菱 PLC 模块上的 24V 电源正负极或按钮模块上的 24V 电源正负极，警示灯公共端接三菱变频器上的公共端，即可与变频器同组输出。

（3）电磁阀的安装接线

YL-235A 型机电一体化实训装置上的电磁阀使用的电源也是直流 24V，红色线为正极，绿色线为负极。但在实际安装接线时，即使没有红绿标志线，正负极也是可以颠倒的。这是因为电磁阀内部是线圈通电产生磁场，从而驱动阀芯动作，是不分正负极的。唯一不同的是正负极接错后电磁阀的指示灯是不亮的，这时可以调整接线，但是并不影响其使用。

（4）输入端的调试

输入端的调试主要分为按钮开关和传感器输入端子两大部分，在设备上电不通气的情况下，按照分配表逐一检查。对于按钮输入端，可以观察按下按钮后 PLC 输入信号对应的指示灯是否点亮，松开按钮对应的指示灯是否熄灭。如果出现错误，则需要检查按钮输入端是否接错，并及时调整接线。对于机械手传感器，要手动调整机械手悬臂左右位置、伸出与缩回位置、手臂的上升与下降位置和手爪夹紧与松开位置，观察 PLC 对应的输入信号灯是否点亮。对于三个推料气缸上的前后限位传感器，也要分别手动调整前后位置，观察 PLC 对应的输入信号灯是否点亮。另外还有两个光纤式光电接近开关，两个光电式接近开关，一个电感式接近开关，都可以用物料来检测信号以观察 PLC 对应的输入信号灯是否点亮。

（5）输出端的调试

输出端的调试不需要 PLC 处于运行状态，只要把 PLC 的开关键拨到 STOP 位置即可。用一根连接线一端插在输出设备所使用的 24V 电源正极，另一端按照分配表依次插入 PLC 输出 Y 端子内，观察输出设备是否按分配表功能工作。如 Y1 分配表上是机械手右摆，则插入调试时机械手动作应为右摆，Y8 分配表上是转盘电动机，则插入调试时转盘电动机应该转动。如果没有实现以上功能，则说明输出接错或线路出现故障，应及时检查调整。

2. PLC 程序编写思路

1）编写料盘电动机控制程序：启动按钮按下，料盘转动将物料送入出料口。

2）编写机械手控制程序：出料口传感器检测到物料后，机械手悬臂伸出到位后→手臂下降→手爪夹紧抓取一个圆柱形物料→然后手臂上升→悬臂缩回→整个机械手向右转动，到右限位时，悬臂伸出到位后→手臂下降→手爪松开圆柱形物料落入进料口后→机械手手臂上升→悬臂缩回，整个机械手向左转动，到左限位停止。

3）编写带式输送机控制程序：入料口传感器检测到物料后，带式输送机启动；到入料槽位置时，带式输送机停止，启动推料气缸，将物料推入料槽。

3. 设备运行故障检测和排除

1）首先检查 YL-235A 型机电一体化实训装置的电源和气源是否正常，电源和气源的问题常常导致设备出现问题。如供电电源供电不足、插座接触不良等都会引发设备运行问题。气源不良包括空气压缩机是否开启、气动三联件是否开起、限流器是否封闭等，都会影响到自动化装配线的正常运行。所以在故障发生时，要及时用万用表检测电源供电是否正常，查看压力表的指针，关注气动系统的压力是否在合理范围。

传送带打滑的检修

气缸推料过快的检修

2）检查设备的传感器、限位开关是否有损坏或灵敏度是否存在问题。YL-235A 型机电一体化实训装置上的传感器有磁性开关、电感式接近开关、光电式接近开关和光纤式光电接近开关四大类。由于安装时的疏忽，导致某些传感器安装位置、灵敏度调节出现问题，或者传感器损坏都会导致设备运行出现问题。在设备运行过程中，要经常查看传感器的位置和灵敏度，若出现误差，应及时调整，假如发现传感器损坏，应马上替换。

3）检查设备的各种电气元件是否正常。继电器在运用过程中会偶尔出现接触不良的问题，无法确保电气回路正常，需要及时查看。

① 警示灯故障的检测和排除。调试时警示灯不亮，首先应检测正负极之间有无 24V 电压，无则说明供电连接线路出现断路故障，应更换连接线；有则说明是输出端子的问题，再查输出端子是否接错或连接线是否通路。若有问题，应调整和更换；若没有问题，就是警示灯红绿控制线断路或内部故障导致。

② 电磁阀故障的检测和排除。电磁阀的常见故障是某一个电磁阀不能通电，而其他电磁阀正常。这时应拆下有问题的电磁阀线圈，检查内部线路是否断线，若断线则重新接线；没有断线再测量线圈是否损坏，若损坏应及时更换。

4）如果以上故障都没有出现，则需要对全部控制电路进行检查。检查电源电路中的导线是否出现断路，特别是在线槽内的导线是否因为太紧而被线槽割断；检查灯笼接线头中的接线柱是否折断导致接触不良；查验气管是不是有受损性的折痕，通气是否顺畅。

►► 任务实施

步骤一： 按照任务要求中的图 4-41 完成硬件安装。

步骤二： 按照任务要求中的图 3-1 完成气路安装。

步骤三： 按照任务要求设计 PLC 电路并绘制电气控制原理图，按照绘制的电气控制原理图和端子接线图连接电路。

1）按照图 4-42 端子接线图将部件接到端子排上。

2）按照绘制的图 4-43 电气控制原理图将插线接上。

步骤四： 根据绘制的电气控制原理图写出 PLC I/O 分配表，见表 4-8（仅供参照）。

表 4-8　PLC I/O 分配表

输入继电器	作用	地址			输出继电器	作用	地址	
		正	负	输出			正	负
X0	启动	SB1			Y0	红灯	1	3
X1	物料复位	SB3			Y1	蜂鸣器	HL	
X2	物料检测	34	35	36	Y2	物料旋转	6	7
X3	左转限位开关	37	38	39	Y3	左转电磁阀	22	23
X4	右转限位开关	40	41	42	Y4	右转电磁阀	24	25
X5	伸出限位开关	43	44		Y5	伸出电磁阀	18	19
X6	缩回限位开关	45	46		Y6	缩回电磁阀	20	21
X7	上升限位开关	47	48		Y7	上升电磁阀	14	15
X10	下降限位开关	49	50		Y10	下降电磁阀	16	17
X11	夹紧限位开关	51	52		Y11	夹紧电磁阀	10	11
X12	推料一限位开关	53	54		Y12	松开电磁阀	12	13
X14	推料二限位开关	57	58		Y13	第一推料气缸	26	27
X16	推料三限位开关	61	62		Y14	第二推料气缸	28	29
X20	传送物检测	65	66	67	Y15	第三推料气缸	30	31
X21	金属检测	68	69	70	Y17	绿灯	2	3
X22	白塑料检测	71	72	73	Y20	电动机正转起动	STF	
X23	黑塑料检测	74	75	76	Y21	高速运行	RH	
X25	停止	SB2			Y22	中速运行	RM	SD
X26	急停	SQ			Y23	慢速运行	RL	
X27	打包复位	SB4			Y24	电动机反转起动	STR	

步骤五： 根据任务要求画出程序流程图，如图 4-44 所示。

步骤六： 根据程序流程图及任务要求编制 PLC 状态转移图，如图 4-45 所示。

端子号	名称
1	送料检测光电式接近开关正
2	送料检测光电式接近开关负
3	送料检测光电式接近开关输出
4	手臂旋转左限位传感器正
5	手臂旋转左限位传感器负
6	手臂旋转左限位传感器输出
7	手臂旋转右限位传感器正
8	手臂旋转右限位传感器负
9	手臂旋转右限位传感器输出
10	手臂伸出限位传感器正
11	手臂伸出限位传感器负
12	手臂缩回限位传感器正
13	手臂缩回限位传感器负
14	手爪提升限位传感器正
15	手爪提升限位传感器负
16	手爪下降限位传感器正
17	手爪下降限位传感器负
18	手爪夹紧限位传感器正
19	手爪夹紧限位传感器负
20	推料一伸出限位传感器正
21	推料一伸出限位传感器负
22	推料一缩回限位传感器正
23	推料一缩回限位传感器负
24	推料二伸出限位传感器正
25	推料二伸出限位传感器负
26	推料二缩回限位传感器正
27	推料二缩回限位传感器负
28	推料三伸出限位传感器正
29	推料三伸出限位传感器负
30	推料三缩回限位传感器正
31	推料三缩回限位传感器负
32	入料检测光电式接近开关正
33	入料检测光电式接近开关负
34	入料检测光电式接近开关输出
35	料槽一到位检测传感器正
36	料槽一到位检测传感器负
37	料槽一到位检测传感器输出
38	料槽二到位检测传感器正
39	料槽二到位检测传感器负
40	料槽二到位检测传感器输出
41	料槽三到位检测传感器正
42	料槽三到位检测传感器负
43	料槽三到位检测传感器输出
44	料槽三到位检测传感器输出
45	转盘电动机正负
46	转盘电动机正负
47	手爪夹紧电磁阀1 2负
48	手爪夹紧电磁阀1 2正
49	手爪放松电磁阀1 2负
50	手爪放松电磁阀1 2正
51	手爪上升电磁阀1 2负
52	手爪上升电磁阀1 2正
53	手爪下降电磁阀1 2负
54	手爪下降电磁阀1 2正
55	手臂伸出电磁阀1 2负
56	手臂伸出电磁阀1 2正
57	手臂缩回电磁阀1 2负
58	手臂缩回电磁阀1 2正
59	手臂左摆电磁阀1 2负
60	手臂左摆电磁阀1 2正
61	手臂右摆电磁阀1 2负
62	手臂右摆电磁阀1 2正
63	推料气缸一电磁阀1 2负
64	推料气缸一电磁阀1 2正
65	推料气缸二电磁阀1 2负
66	推料气缸二电磁阀1 2正
67	推料气缸三电磁阀1 2负
68	推料气缸三电磁阀1 2正
69	警示红灯
70	警示绿灯
71	警示灯公共端
72	警示灯电源正
73	警示灯电源负
74	触摸屏电源正
75	触摸屏电源负
76	
77	
78	
79	
80	
81	
82	
83	
84	
85	
86	电动机输出 U
87	电动机输出 V
88	电动机输出 W

光电式接近开关引线：棕色线表示"+"接+24V，蓝色线表示"−"接0V，黑色线表示"输出"接PLC输入端。

磁性传感器引线：蓝色线表示"−"接0V，棕色线表示"+"接PLC输入端。

电磁阀引线："1"接"+"，"2"接"−"。

图4-42 端子接线图

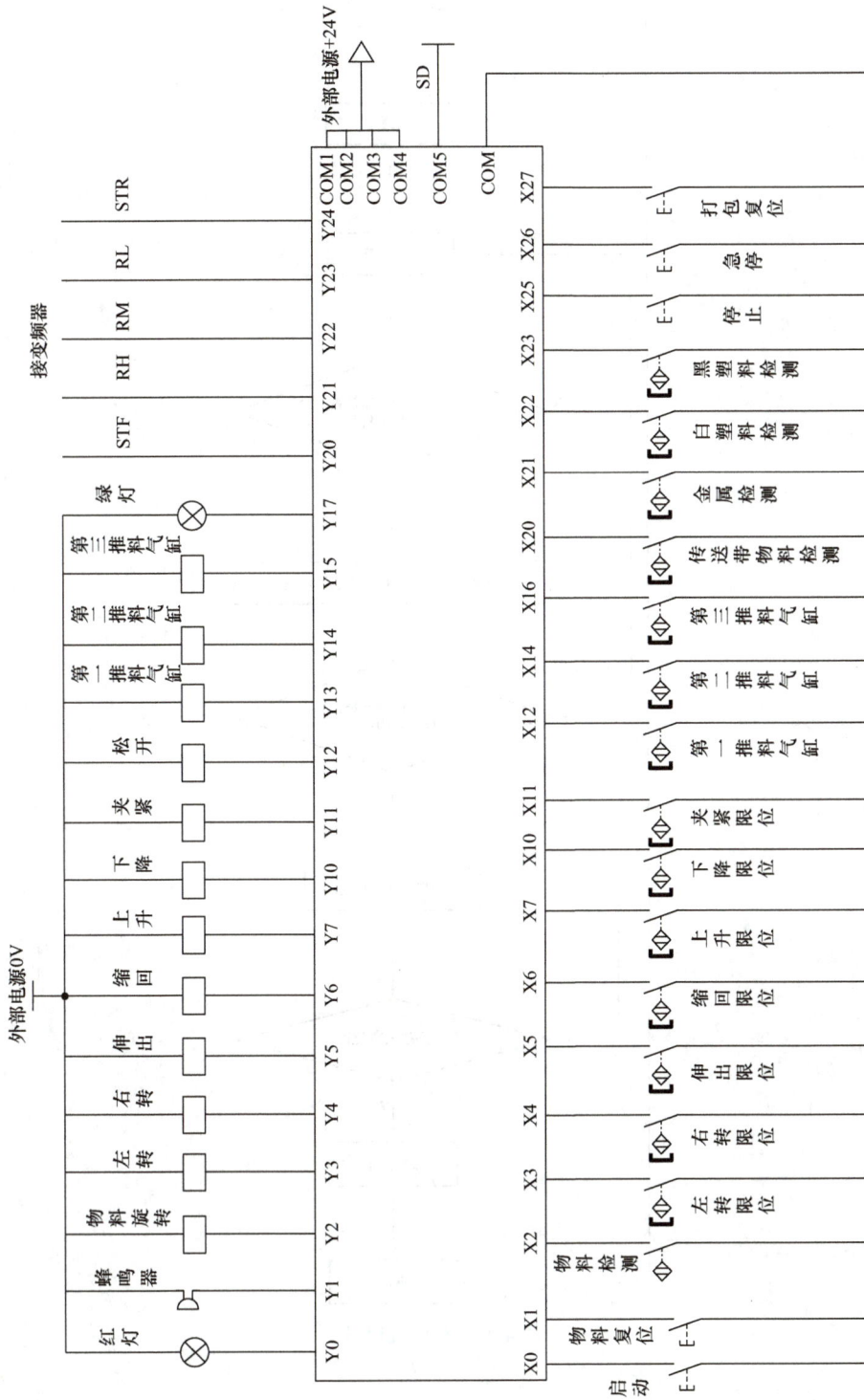

图 4-43 电气控制原理图

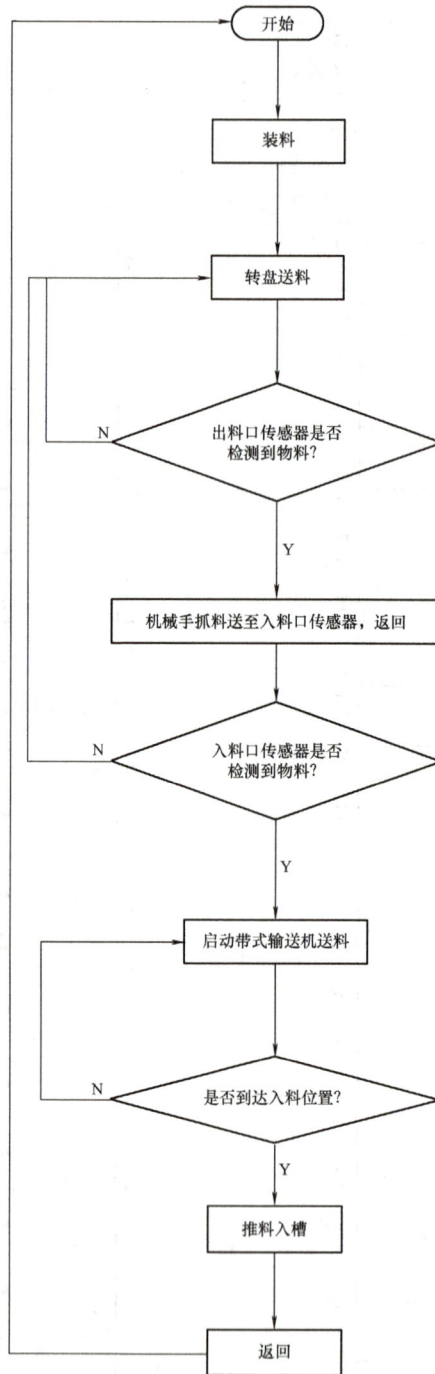

图 4-44　程序流程图

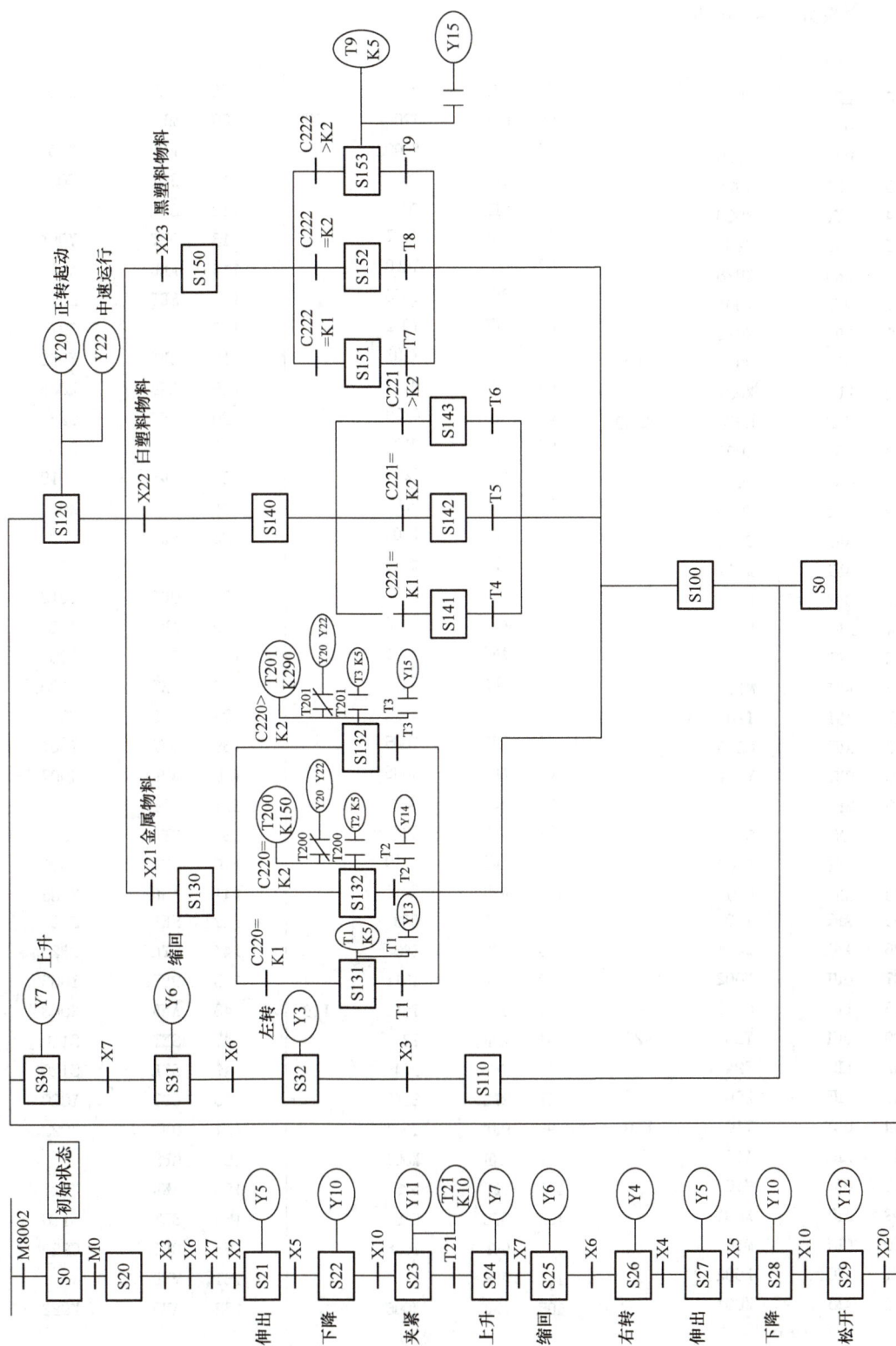

图 4-45 PLC 状态转移图

注意：S140和S150任务对白塑料物料和黑塑料物料的处理方式与S130任务对金属物料的处理方式类似，在状态转移图中不再重复叙述。

指令表如图4-46所示。

0	LD	T20		53	AND	M0		106	SET	S26	
1	OR	M10		54	OUT	T20	K200	108	MPP		
2	OR	C230		57	LD	M8002		109	AND	M10	
3	ORI	X026		58	SET	S0		110	SET	S0	
4	OUT	Y000		60	STL	S0		112	STL	S26	
5	ANI	T25		61	OUT	Y007		113	OUT	Y004	
6	AND	X026		62	OUT	Y000		114	AND	X004	
7	OUT	Y001		63	OUT	Y006		115	SET	S27	
8	LD	X026		64	OUT	Y012		117	STL	S27	
9	MC	N0	M100	65	OUT	Y003		118	OUT	Y005	
12	LD	X027		66	AND	M0		119	AND	X005	
13	ZRST	C220	C230	67	ANI	C230		120	SET	S28	
18	LD	X000		68	ANI	M10		122	STL	S28	
19	OR	M0		69	SET	S20		123	OUT	Y010	
20	ANI	X025		71	STL	S20		124	AND	X010	
21	ANI	C230		72	LD	X003		125	SET	S29	
22	ANI	X001		73	AND	X006		127	STL	S29	
23	OUT	M0		74	AND	X007		128	OUT	Y012	
24	LD	M0		75	AND	X002		129	AND	X020	
25	MPS			76	ANI	X011		130	SET	S30	
26	ANI	M10		77	SET	S21		132	SET	S120	
27	ANI	T20		79	STL	S21		134	STL	S30	
28	ANI	C230		80	OUT	Y005		135	OUT	Y007	
29	OUT	Y017		81	AND	X005		136	AND	X007	
30	MPP			82	SET	S22		137	SET	S31	
31	ANI	S24		84	STL	S22		139	STL	S31	
32	ANI	X002		85	OUT	Y010		140	OUT	Y006	
33	ANI	M10		86	AND	X010		141	AND	X006	
35	ANI	T20		87	SET	S23		142	SET	S32	
36	ANI	X001		89	STL	S23		144	STL	S32	
37	OUT	Y002		90	OUT	Y011		145	OUT	Y003	
38	LD	C230		91	OUT	T21	K10	146	AND	X003	
39	OUT	T25	K20	94	AND	T21		147	SET	S110	
42	LD	S24		95	SET	S24		149	STL	S120	
43	AND	X002		97	STL	S24		150	OUT	Y020	
44	OUT	T10	K10	98	OUT	Y007		151	OUT	Y022	
47	LD	T10		99	AND	X007		152	MPS		
48	OR	M10		100	SET	S25		153	AND	X021	
49	ANI	X001		102	STL	S25		154	SET	S130	
50	OUT	M10		103	OUT	Y006		156	OUT	C220	
51	LDI	X002		104	MPS			161	MRD		
52	ANI	X001		105	AND	X006		162	AND	X022	

图4-46 指令表

163	SET	S140	
165	OUT	C221	K3
170	MPP		
171	AND	X023	
172	SET	S150	
174	OUT	C222	K3
179	STL	S130	
180	LD	M8000	
181	MPS		
182	AND=	K1	C220
187	SET	S131	
189	MRD		
190	AND=	K2	C220
195	SET	S132	
197	MPP		
198	AND>	C220	K2
203	SET	S133	
205	STL	S131	
206	OUT	T1	K5
209	MPS		
210	AND	T1	
211	OUT	Y013	
212	MPP		
213	AND	X012	
214	OUT	C230	K6
219	SET	S100	
221	STL	S132	
222	OUT	T200	K150
225	MPS		
226	ANI	T200	
227	OUT	Y020	
228	MPP		
229	OUT	Y022	
230	MPS		
231	AND	T200	
232	OUT	T2	K5
235	MRD		
236	AND	T2	
237	OUT	Y014	
238	MPP		
239	AND	X014	
240	SET	S100	
242	OUT	C230	K6
247	STL	S133	
248	OUT	T201	K290
251	MPS		
252	ANI	T201	
253	OUT	Y020	
254	MPP		
255	OUT	Y022	
256	MPS		
257	AND	T201	
258	OUT	T3	K5
261	MRD		
262	AND	T3	
263	OUT	Y015	
264	MPP		
265	AND	X016	
266	SET	S100	
268	STL	S140	
269	LD	M8000	
270	MPS		
271	AND=	K1	C221
276	SET	S141	
278	MRD		
279	AND=	K2	C221
284	SET	S142	
286	MPP		
287	AND>	C221	K2
292	SET	S143	
294	STL	S141	
295	OUT	T202	K305
298	MPS		
299	ANI	T202	
300	OUT	Y024	
301	MPP		
302	OUT	Y023	
303	MPS		
304	AND	T202	
305	OUT	T4	K5
308	MRD		
309	AND	T4	
310	OUT	Y013	
311	MPP		
312	AND	X012	
313	OUT	C230	
318	SET	S100	
320	STL	S142	
321	OUT	T5	
324	MPS		
325	AND	T5	
326	OUT	Y014	
327	MPP		
328	AND	X014	
329	OUT	C230	
334	SET	S100	
336	STL	S143	
337	OUT	T203	
340	MPS		
341	ANI	T203	
342	OUT	Y020	
343	MPP		
344	OUT	Y022	
345	MPS		
346	AND	T203	
347	OUT	T6	
350	MRD		
351	AND	T6	
352	OUT	Y015	
353	MPP		
354	AND	X016	
355	SET	S100	
357	STL	S150	
358	LD	M8000	
359	MPS		
360	AND=	K1	
365	SET	S151	
367	MRD		
368	AND=	K2	
373	SET	S152	
375	MPP		
376	AND>	C222	
381	SET	S153	
383	STL	S151	
384	OUT	T204	
387	MPS		

图 4-46　指令表（续）

步骤七：设置变频器参数。

根据任务要求正确设置变频器参数后，将变频器调到外部运行模式。表 4-9 列出了变频器主要参数的设置。

表 4-9　变频器主要参数设置

序号	参数编号	设置值	说明
1	Pr.4	35	选择高速频率设定值
2	Pr.5	25	选择中速频率设定值
3	Pr.6	15	选择低速频率设定值
4	Pr.7	1	斜坡上升时间
5	Pr.8	1	斜坡下降时间

步骤八： 调试完成任务。

将编写的 PLC 控制程序通过计算机的编程软件输入并下载到 PLC 后调试运行，分析动作结果是否满足任务要求，若不满足要求应进行修改、补充，使程序完全符合控制要求。出现问题从硬件连接、程序编写、编程过程中动作逻辑出错、程序中定时器时间设置出错等方面进行分析，查找问题，解决问题，直至符合任务要求。

▶▶ 任务评价

学号：_____　　　　　　　　　成绩：_____

项目	项目配分	评分点	配分	扣分说明	得分	项目得分
部件组装及测试	10	传送带装置	6	传送带组装后不能工作，扣 2 分，每个动作扣 0.5 分；组装后传送带中立柱明显不垂直，扣 1 分；装置安装尺寸误差超过 ±1mm，每处扣 0.5 分		
		气源组件	4	安装尺寸误差超过 ±1mm，每处扣 0.5 分		
气路连接	10	元件选择	2	气缸用电磁阀与图样不符，每处扣 0.5 分		
		气路连接	4	漏接、脱落、漏气，每处扣 0.5 分，最多扣 3 分		
		气路工艺	4	布局不合理扣 1 分，零乱扣 1 分；长度不合理、没有绑扎，扣 1 分		

（续）

项目	项目配分	评分点	配分	扣分说明	得分	项目得分
电路连接	10	元件选择	2	元件选择与任务要求不符，每处扣0.5分，最多扣2分		
		连接工艺	5	连接不牢、露铜超过2mm，同一接线端子上连接导线超2根，每处扣0.5分，最多扣5分		
		编号管	3	导线未套编号管，每处扣0.2分，最多扣3分；套管不标号，每处扣0.1分，最多扣3分		
初始状态	20	部件初始位置	10	当机械手不在初始位置时，不能执行复位操作扣1分；上电指示灯不当扣1分		
		启动	10	不能正常启动扣10分		
设备运行	40	三种物料的分拣	30	运行动作每错一个扣5分		
		停止	10	按下停止运行按钮，设备按要求停止		
职业与安全意识	10	所有操作是否符合安全操作规程	5	符合要求得5分基本符合要求得3分，一般得1分（可一项否决）		
		工具摆放、人员着装、包装物品、导线线头等的处理，是否符合职业岗位的要求	3	符合要求得3分，有2处错误得1分，有2处以上错误得0分		
		遵守课堂纪律，爱护设备和元器件，保持工位整洁	2	做到得2分，未做到扣2分		
违规	扣分	违规		电路短路扣5分，设备部件松动使设备不能正常工作扣1分，若有不符合职业规范的行为，视情节轻重扣5~10分		
总分						

参 考 文 献

[1] 周建清. 典型机电设备安装与调试：三菱 [M]. 2 版. 北京：机械工业出版社，2021.

[2] 梁倍源，王永红，廖智如. 机电一体化设备组装与调试 [M]. 2 版. 北京：机械工业出版社，2021.

[3] 程周，杨少光. 机电一体化设备组装与调试备赛指导 [M]. 北京：高等教育出版社，2010.

[4] 唐修波. 变频技术及应用：三菱 [M]. 2 版. 北京：中国劳动社会保障出版社，2014.

[5] 王涵. 传感器应用技术习题册 [M]. 北京：中国劳动社会保障出版社，2012.